中国传统家具木工CAD图谱 ⑤

——床榻类

北京大国匠造文化有限公司 编

袁进东 李岩 主编

中国林业出版社

图书在版编目（CIP）数据

中国传统家具木工CAD图谱.⑤,床榻类/北京大国匠造文化有限公司编.--北京：中国林业出版社,2017.7

ISBN 978-7-5038-9100-7

Ⅰ.①中… Ⅱ.①北… Ⅲ.①床－木家具－计算机辅助设计－AutoCAD软件－中国－图谱 Ⅳ.①TS664.101-64

中国版本图书馆CIP数据核字(2017)第151691号

本书编委会成员名单

主　　编：袁进东　李　岩
总 策 划：北京大国匠造文化有限公司
支持机构：中南林业科技大学中国传统家具研究创新中心

中南林业科技大学中国传统家具研究创新中心
首席顾问：胡景初
荣誉主任：刘文金
主　　任：袁进东
常务副主任：纪　亮　周京南
副 主 任：柳　翰　李　顺　李　岩
中心客座研究员：杨明霞　夏　岚
中心新广式研究所 所　长：李正伦
中心新广式研究所 副所长：汤朝阳

策划、责任编辑：纪　亮　樊　菲

出　版：中国林业出版社（100009 北京西城区德内大街刘海胡同7号）
网　址：http://lycb.forestry.gov.cn/
电　话：010-8314 3518
发　行：中国林业出版社
印　刷：北京利丰雅高长城印刷有限公司
版　次：2017年7月第1版
印　次：2017年7月第1次
开　本：210mm×285mm　1/16
印　张：10
字　数：200千字
定　价：128.00元（全套6册定价：768.00元）

前 言

中国传统家具源远流长，无论是笨拙神秘的商周家具、浪漫神奇的矮型家具，或是古雅精美的高型家具，还是简洁隽秀的明式家具、雍容华贵的清式家具……都以其富有美感的永恒魅力吸引着世人的钟爱和追求。尤其是明清家具，将我国古代家具推上了鼎盛时期，其品种之多、工艺之精令国内外人士叹为观止。

《中国传统家具木工CAD图谱》系列图书分为椅凳类、台案类、柜格类、沙发类、床榻类、组合和杂项类等6个主要的家具类型。本册主要讲解中式古典床类家具，其中包括大床、罗汉床、架子床等类别。大床即是现代的普通人家选用的一般大床，一般床头、床头板上雕有古典元素的图案，显得古朴而典雅。罗汉床是由汉代的榻逐渐演变而来的，是一种床铺为独板，左右、后面装有围栏，但不带床架的榻。弥勒榻一般体形较大，又有无束腰和有束腰两种类型。有束腰且牙条中部较宽，曲线弧度较大的，俗称"罗汉肚皮"，故又称"罗汉床"，除了睡眠之外，还兼有坐之功能。架子床是汉族的传统卧具，是一种在床身上架置四柱、四杆的床。架子床的式样颇多，结构精巧，装饰华美，多以历史故事、民间传说、花鸟山水等为题材，含和谐、平安、吉祥、多福、多子等美好的寓意；风格或古朴大方，或堂皇富丽，给人一种美的享受。

本书中开篇第一件家具为解详细分图，分别标注了家具每个部件的详细尺寸，以后家具图纸为整体分解图纸，仅标注整体家具的详细尺寸，细分部件则不作详细标注。较为复杂的家具图纸为对开双页，简单的为单页。

书中家具款式主要来源于市场，本书纯属介绍学习之用，绝无任何侵害之意。本书主要用于家具爱好者学习参考之用，可作为古典家具学习者、爱好者研究学习之辅助教材。

本书编委会

目　　录

老红木大床	6
紫光大床	10
竹节大床	11
云龙大床	12
清明上河图大床	13
旭日系列床	14
西番莲大床	16
松鹤延年大床	17
如意大床	18
豪华大床	19
七仙女大床	20
景韵大床	21
锦绣如意大床	22
鸿运一生大床	23
福禄寿大床	24
百福大床	25
笔杆大床	26
八仙大床1	28
八仙大床2	29
洋花床	30
上海之夜大床	32
辉煌豪华大床	34
华韵床和床头柜	36
欧式大床	39
架子床	42
康禧大床	48
万历大床	50
威武大床	52
苏式大床	54
大床1	57
大床2	59
大床3	61
大床4	63
大床5	65
圆合大床	67
金麟高低大床	68
群仙麒麟高低大床	70
富贵高低大床	72
罗汉床1	74
罗汉床2	76
罗汉床3	78
罗汉床4	80
罗汉床5	81
罗汉床6	82
罗汉床7	84
罗汉床8	86
罗汉床9	88
罗汉床10	90
自在罗汉床	92
三屏式罗汉床	94
曲尺罗汉床	96
古龙罗汉床	97
七屏式雕花罗汉床	98
雕玉璧罗汉床	100
草花纹式罗汉床	102
福寿纹罗汉床	103
百子罗汉床	104
八仙罗汉床	106
山水罗汉床1	108
山水罗汉床2	110
花鸟罗汉床	112
花鸟纹罗汉床	113

千里江山罗汉床	114
月洞床	116
山水人物架子床	118
清代紫檀红木合料八柱架子床	120
贵妃床	122
富贵贵妃床	123
福运美人榻	124
仿竹节贵妃床	125
贵妃榻	126
凉榻	127
明式架子床	128
明式直棂四柱架子床	130
清式如意云纹六柱架子床	132
清式楹联床	134
明式洞式门架子床	136
清式全围窗精雕床	138
清代屋檐式嵌骨拔步床	140
明式卷草纹大床	142
清式一品爵位大床	144
清式架子床	146
明式卷草纹藤心罗汉床	148
清式罗汉床	149
清式浮雕龙纹罗汉床	150
明式三弯腿龙纹罗汉床	151
清式嵌大理石罗汉床	152
清式博古纹罗汉床	153
清式紫漆描金山水纹床	154
清式三围屏卷云纹半床	155
清式带枕凉床	156
明式美人靠床	157
清式嵌大理石美人榻	158

明式罗汉床	159
贵妃床—小茶几	160

中国传统家具木工CAD图谱⑤

老红木大床

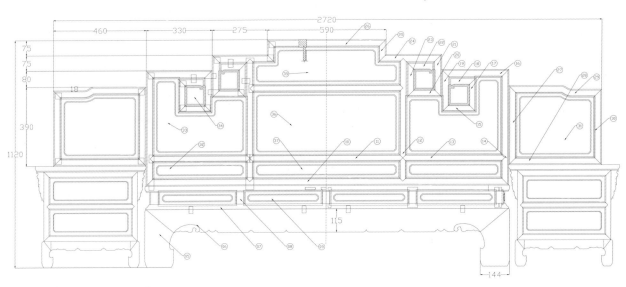

主视图

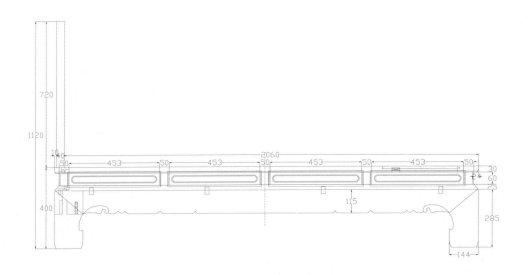

左视图

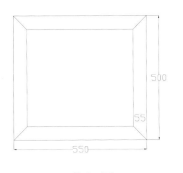
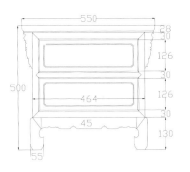

俯视图　　　　　　　　主视图　　　　　　　　左视图

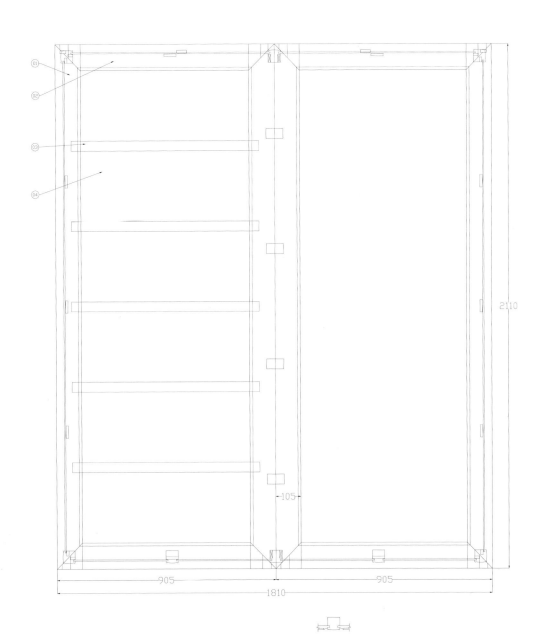

剖视图

中国传统家具木工CAD图谱⑤

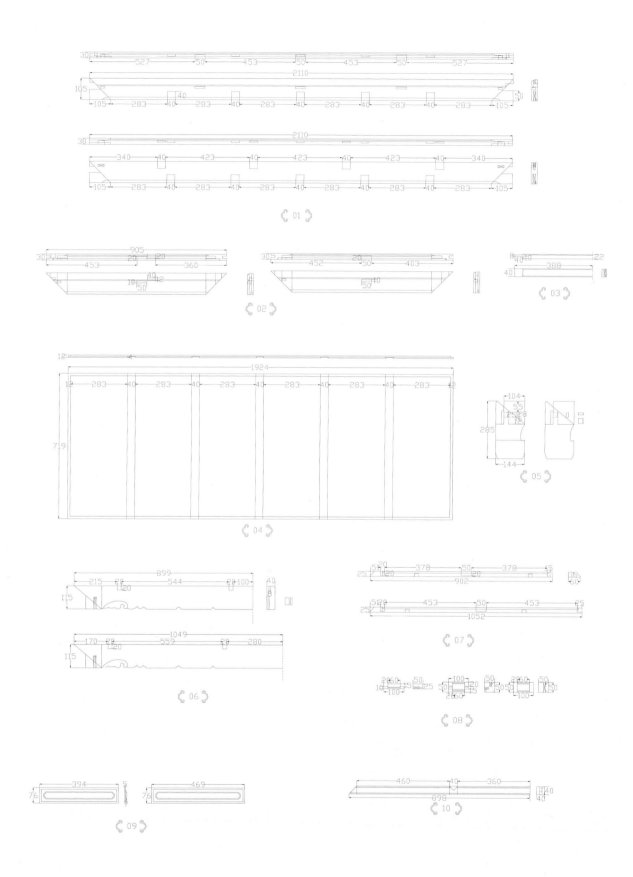

细节图

细节图

紫光大床

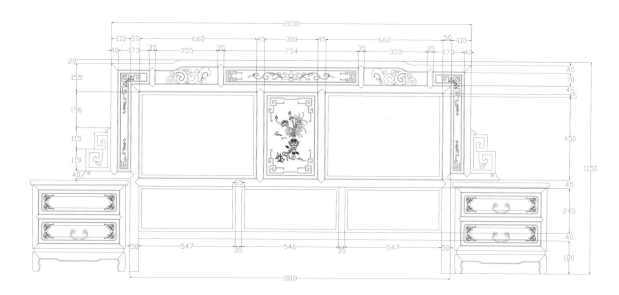

主视图

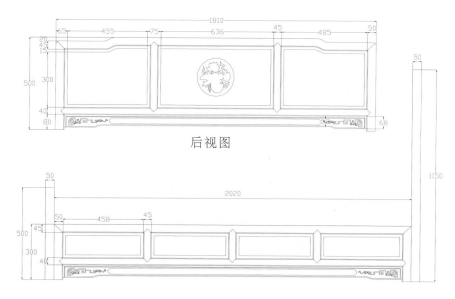

后视图

左视图

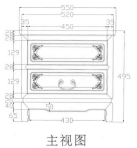

主视图

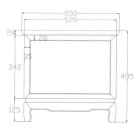

左视图

竹节大床

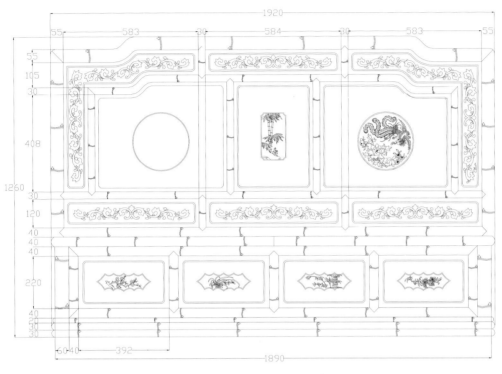

主视图

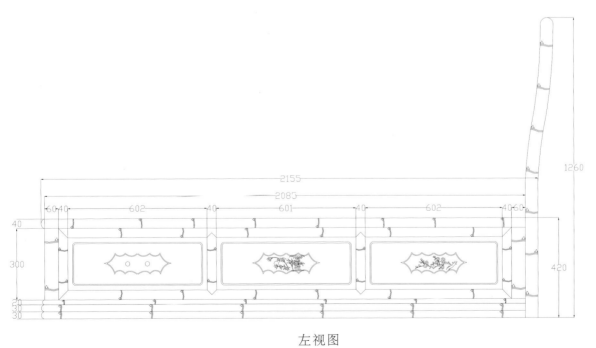

左视图

云龙大床

主视图

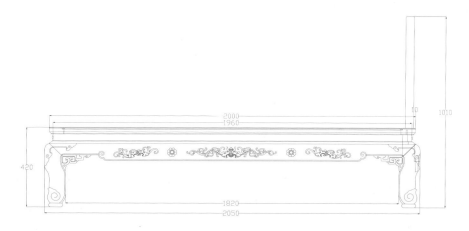

左视图

主视图

清明上河图大床

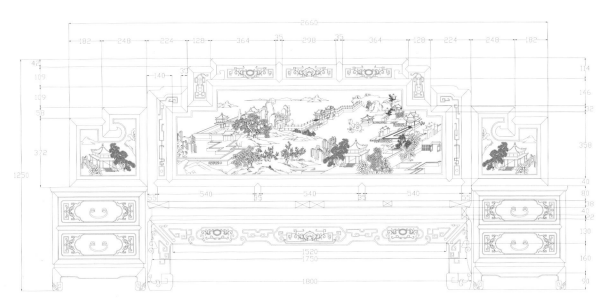

主视图

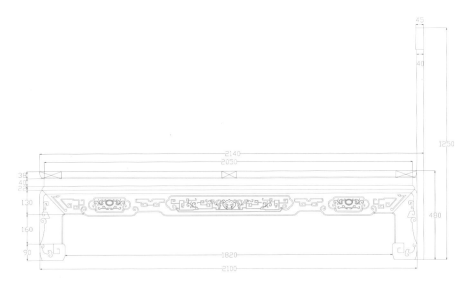

右视图

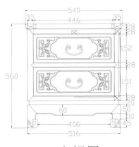 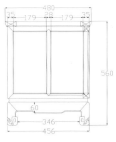

主视图　　　　左视图

旭日系列床

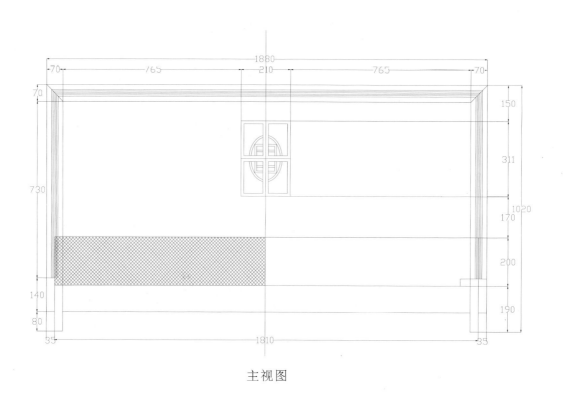

主视图

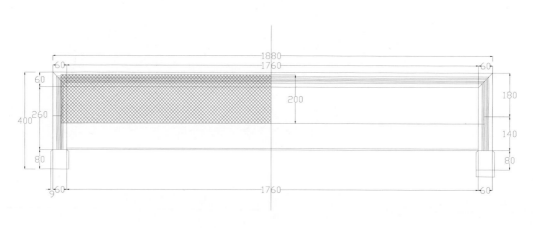

后视图

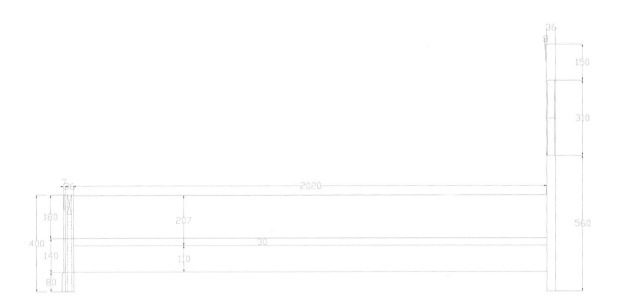

左视图

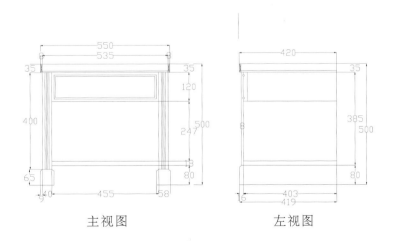

主视图 左视图

西番莲大床

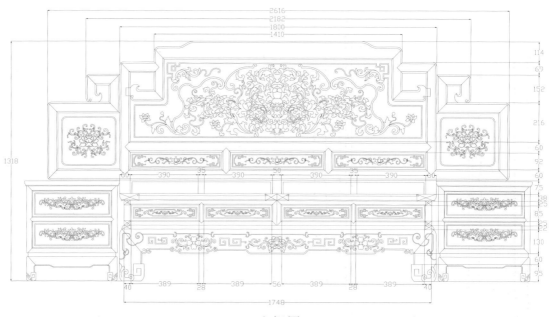

主视图

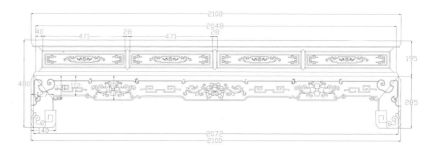

左视图

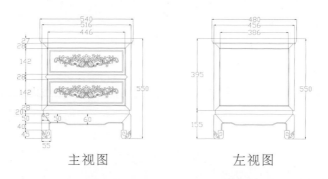

主视图　　　　左视图

松鹤延年大床

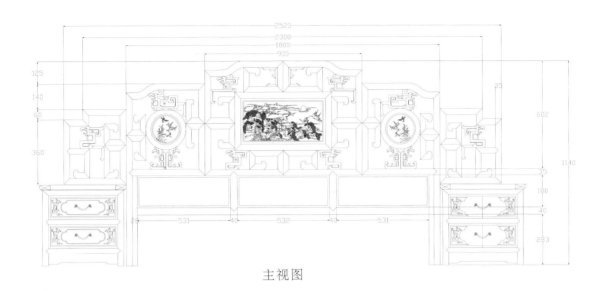

主视图

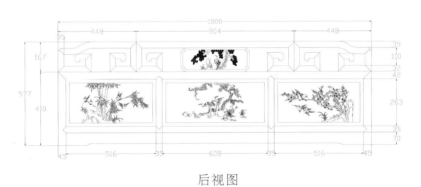

后视图

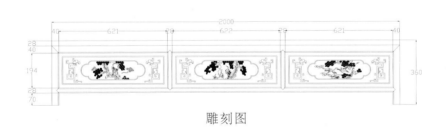

雕刻图

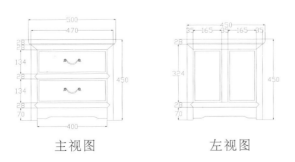

主视图　　　　　左视图

如意大床

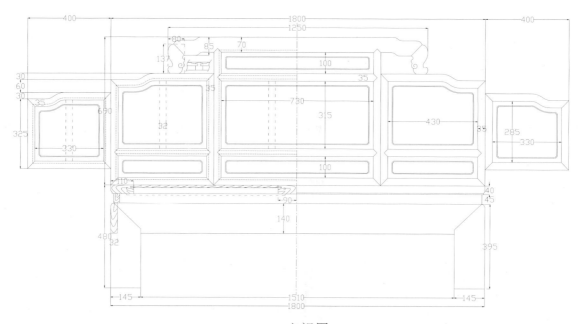

主视图

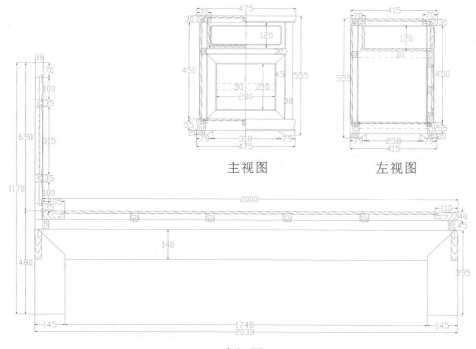

主视图 左视图

右视图

豪华大床

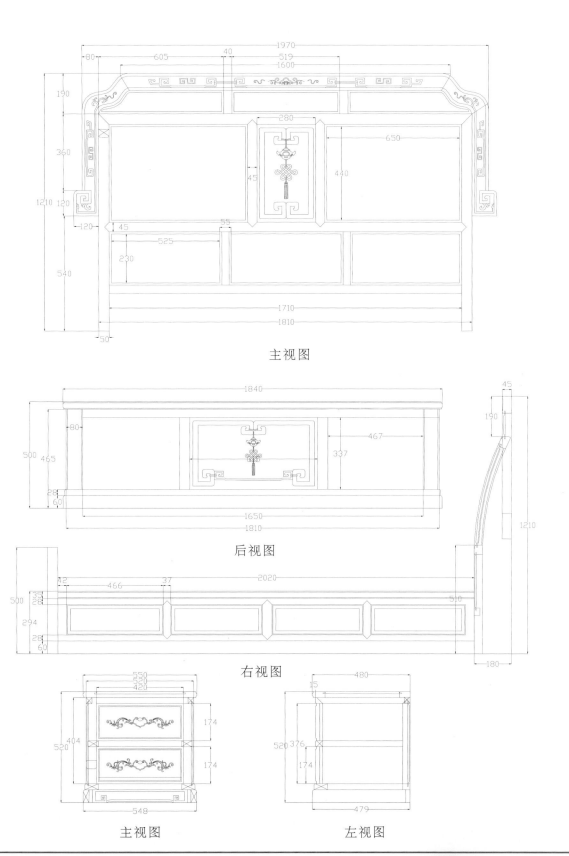

主视图

后视图

右视图

主视图　　　　　　左视图

七仙女大床

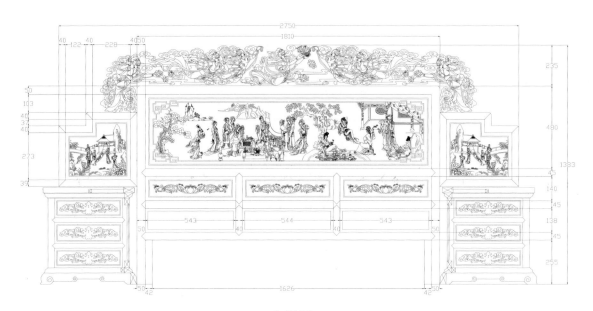

主视图

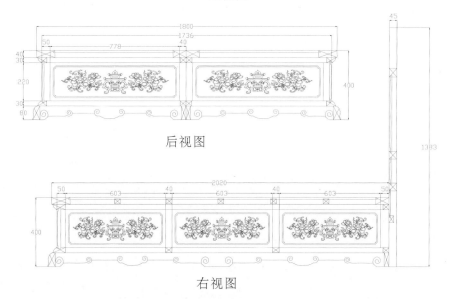

后视图

右视图

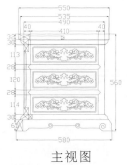
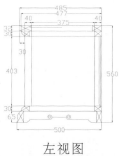

主视图　　　　　　左视图

景韵大床

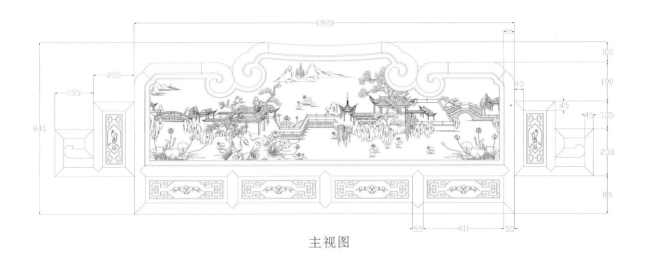

主视图

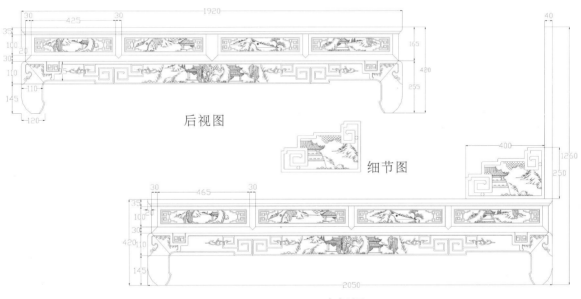

后视图

细节图

右视图

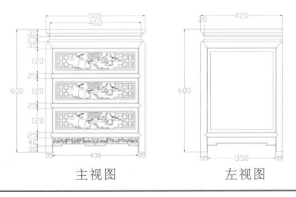

主视图 左视图

锦绣如意大床

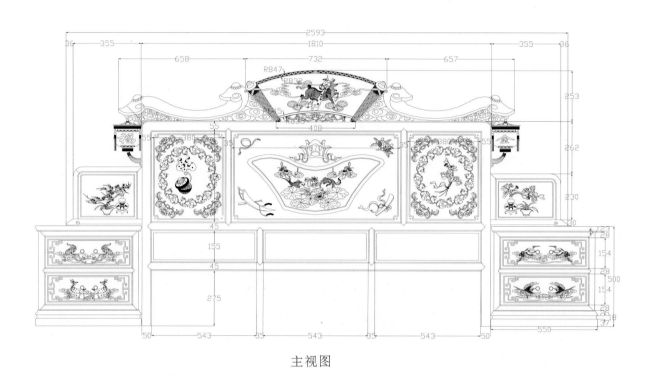

主视图

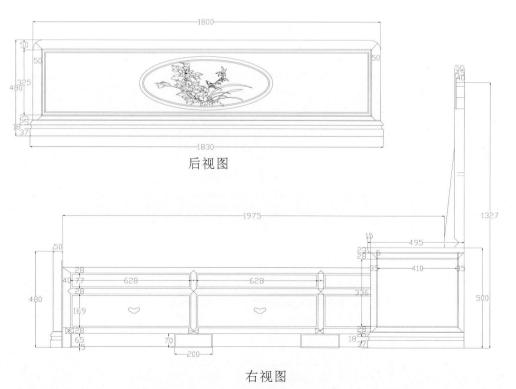

后视图

右视图

鸿运一生大床

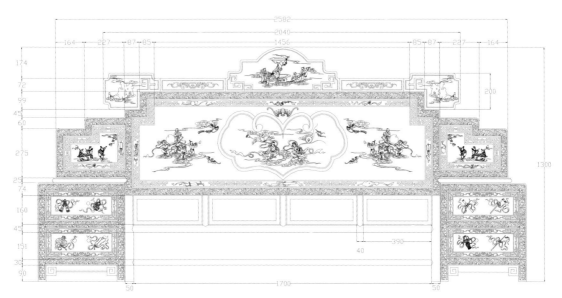

主视图

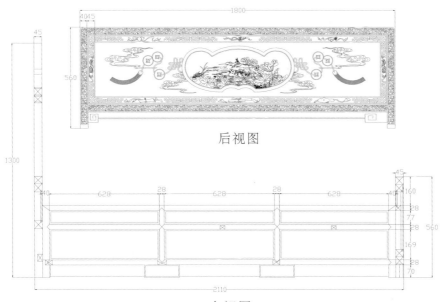

后视图

左视图

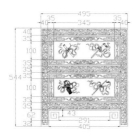

主视图

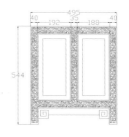

左视图

福禄寿大床

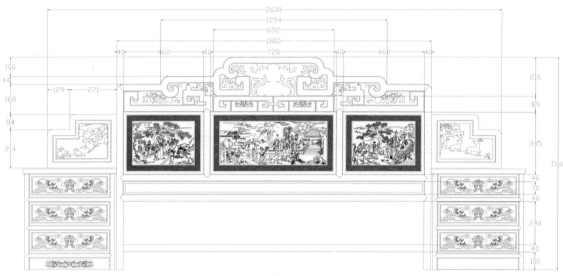

主视图

后视图

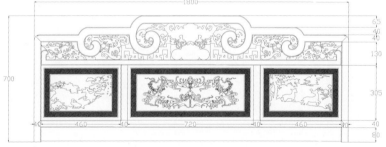

雕刻图

主视图　　　　左视图

百福大床

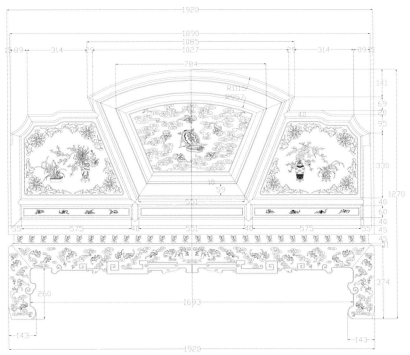

主视图

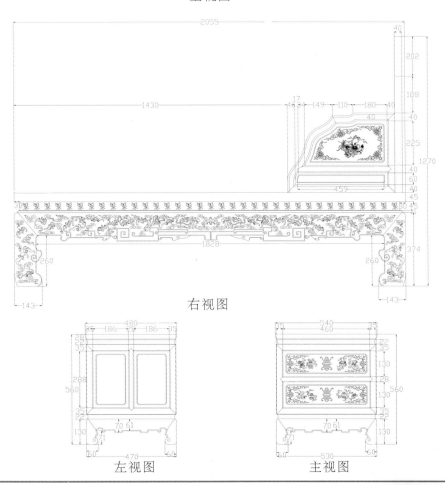

右视图

左视图　　　　主视图

笔杆大床

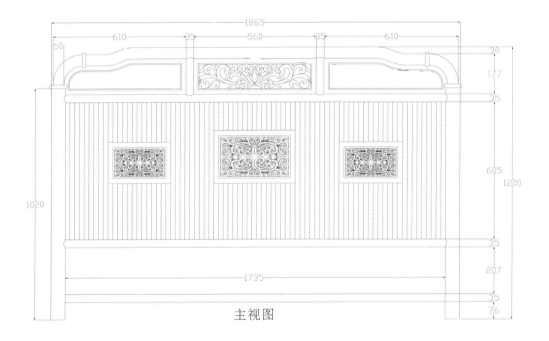

主视图

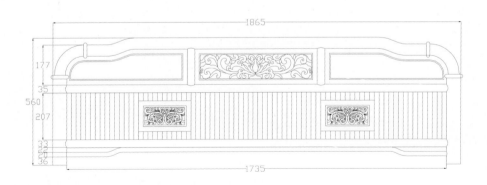

后视图

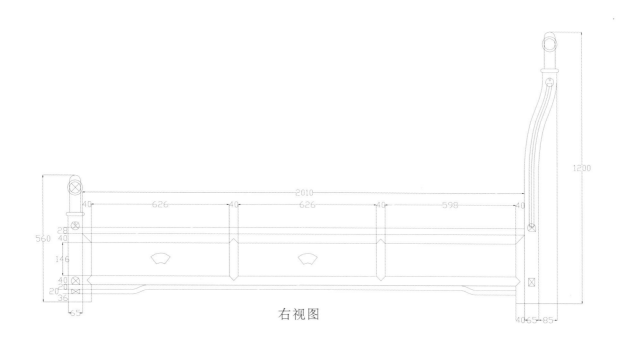

右视图

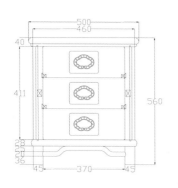

主视图

左视图

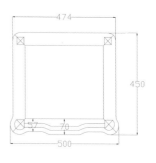

俯视图

中国传统家具木工CAD图谱⑤

八仙大床1

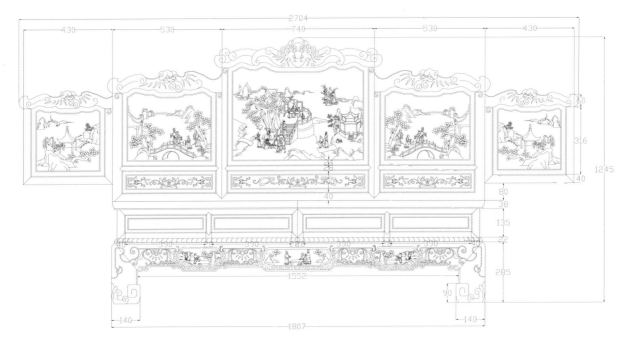

主视图

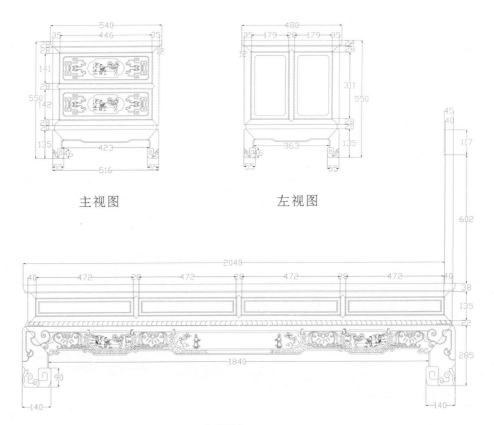

主视图　　　　　左视图

右视图

八仙大床 2

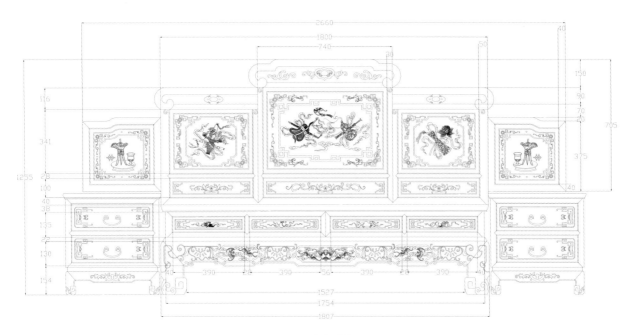

主视图

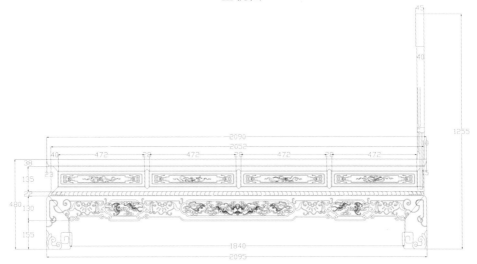

右视图

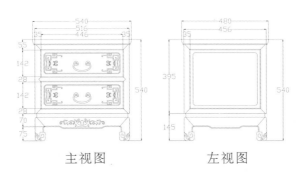

主视图　　　左视图

洋花床

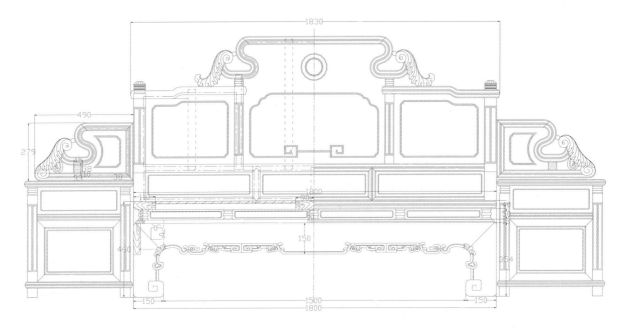

主视图

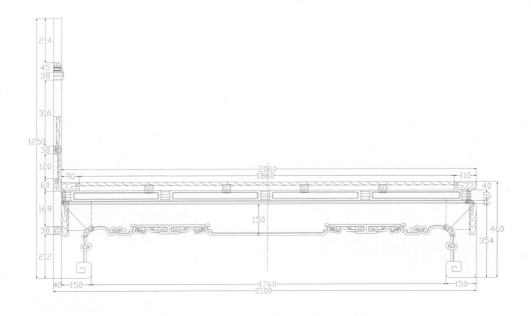

左视图

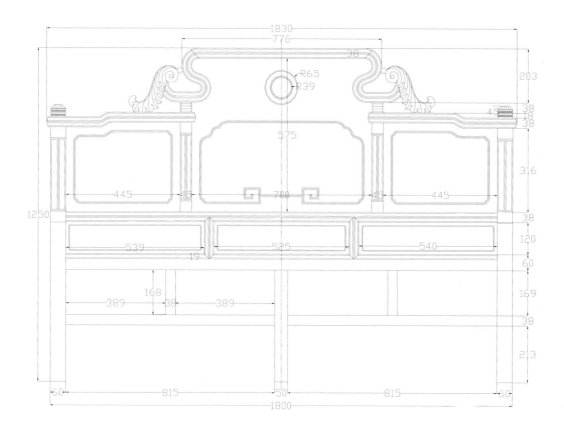

主视图

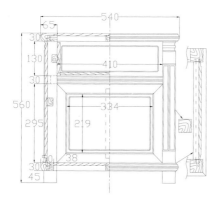

主视图

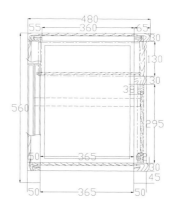

左视图

上海之夜大床

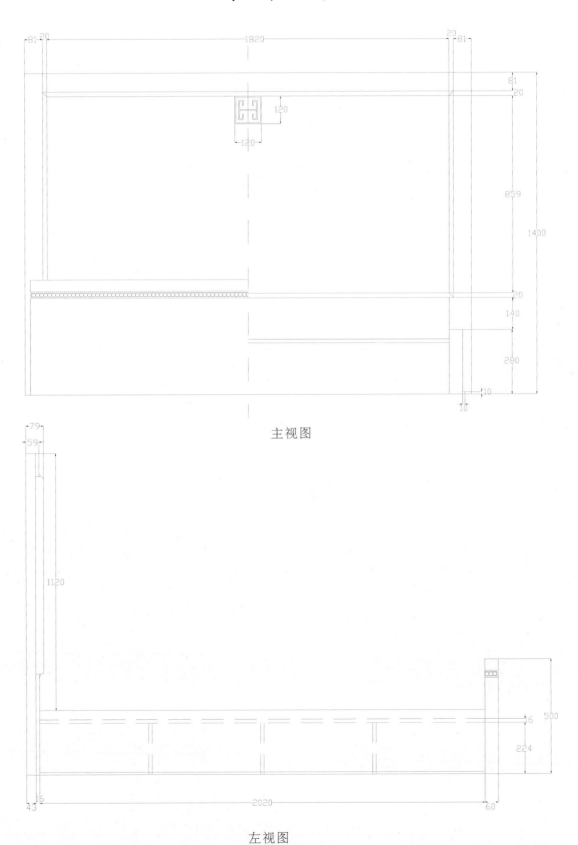

主视图

左视图

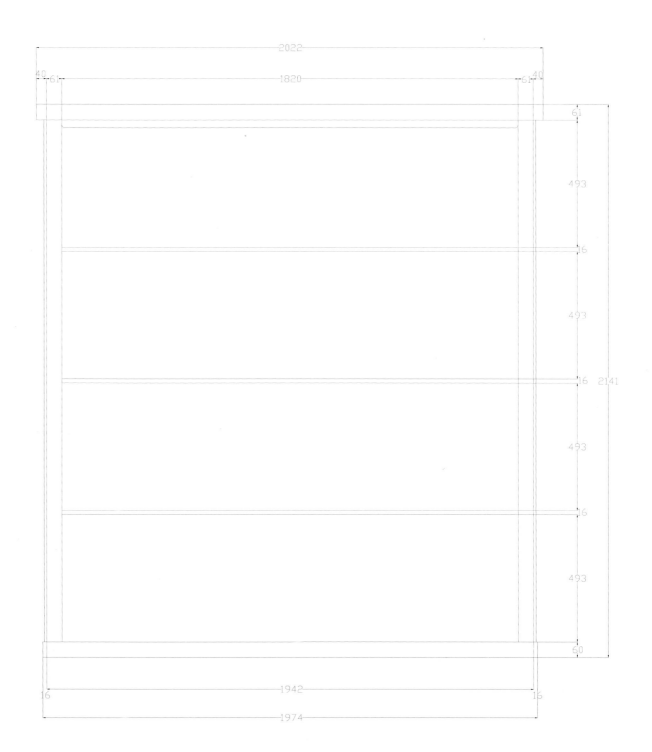

俯视图

中国传统家具木工CAD图谱⑤

辉煌豪华大床

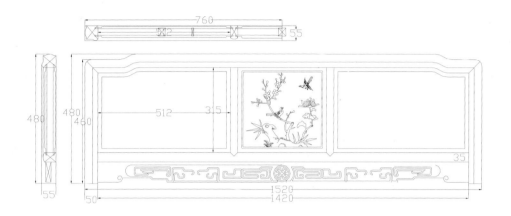

分解图

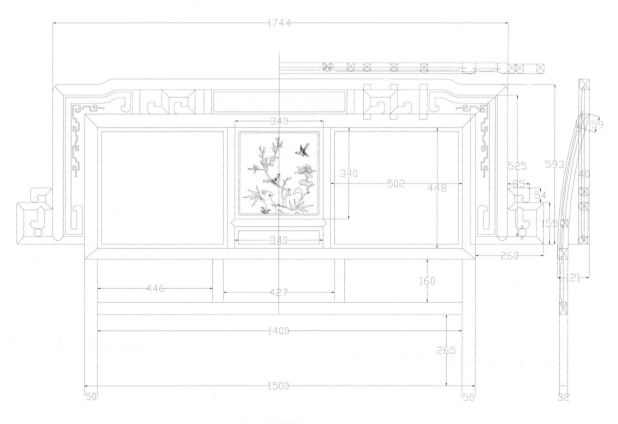

主视图

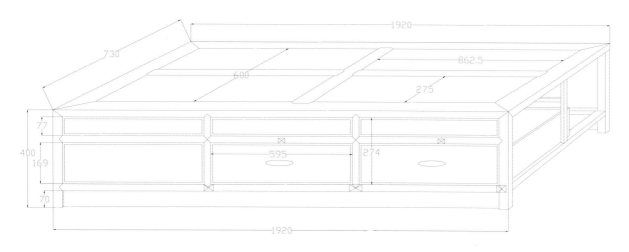

透视图

右视图

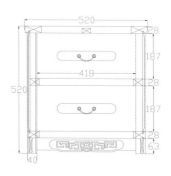

主视图

中国传统家具木工CAD图谱⑤

华韵床和床头柜

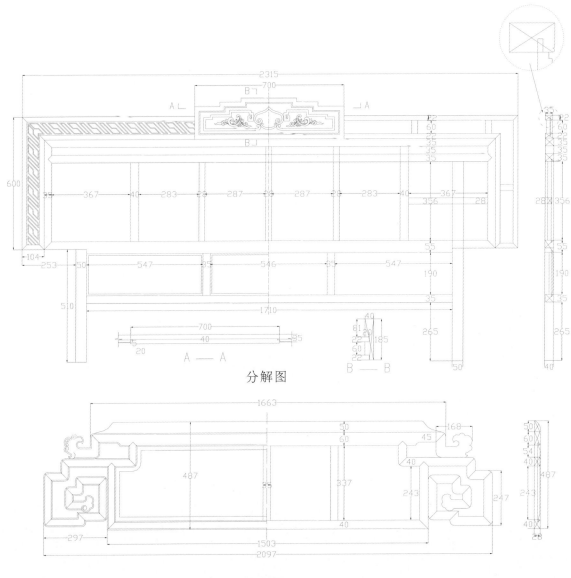

分解图

主视图

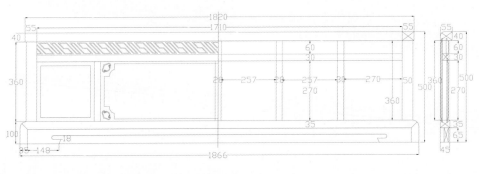

剖视图

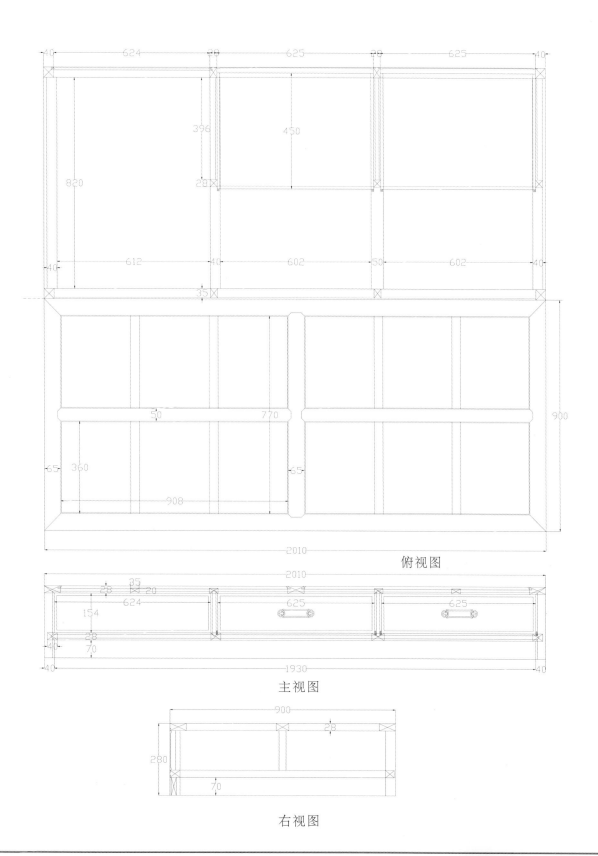

俯视图

主视图

右视图

中国传统家具木工CAD图谱⑤

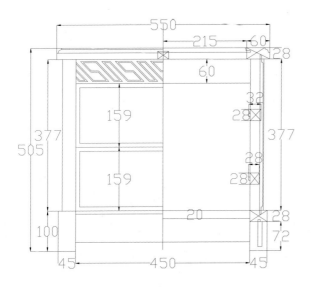

主视图   左视图

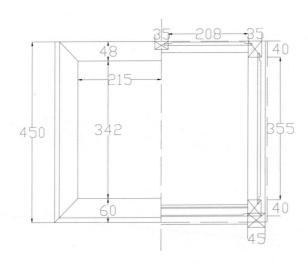

俯视图

欧式大床

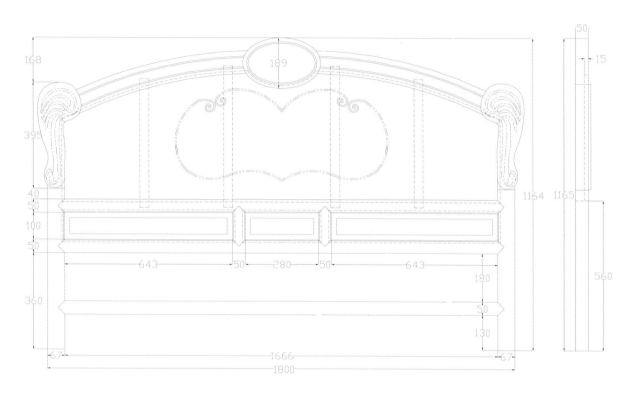

主视图　　　　　　　　　　左视图

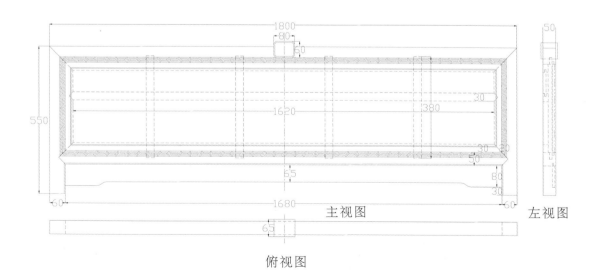

主视图　　　　　　　　　　左视图

俯视图

中国传统家具木工CAD图谱⑤

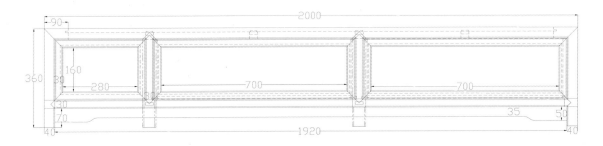

主视图

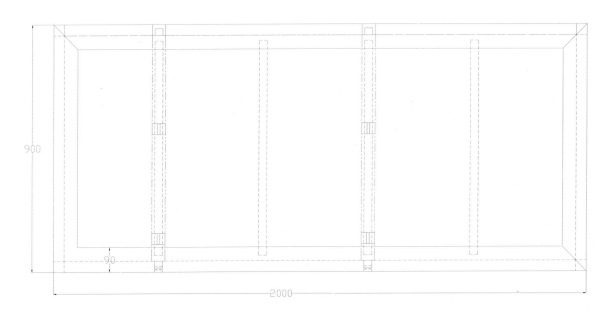

俯视图

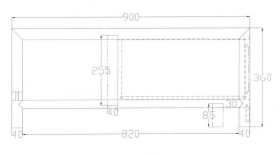

左视图

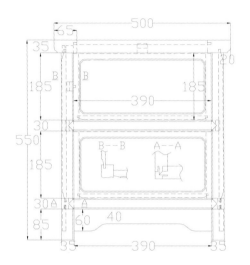

主视图

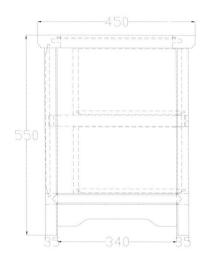

左视图

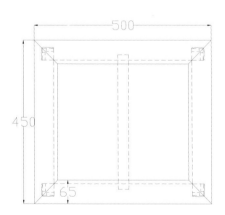

俯视图

架子床

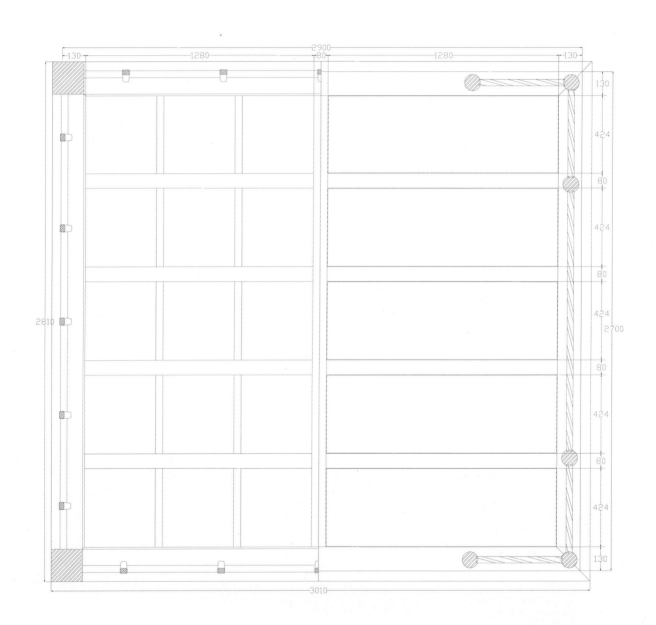

剖视图

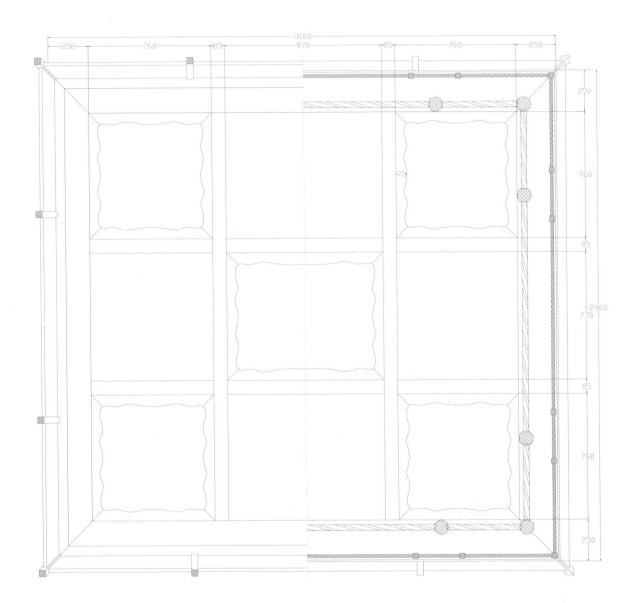

剖视图

中国传统家具木工CAD图谱⑤

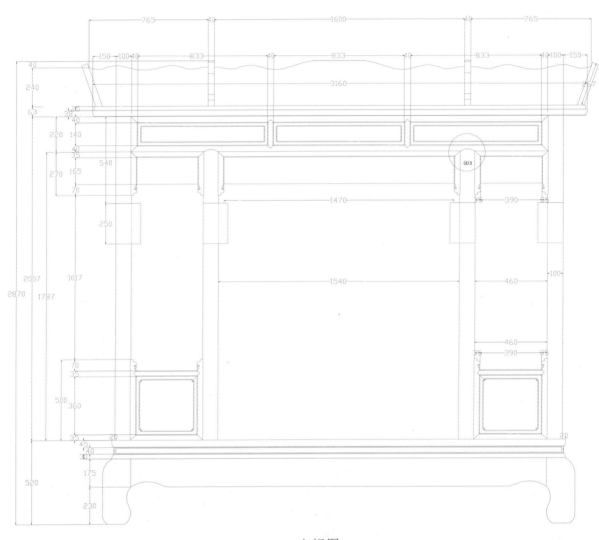

主视图

细节图

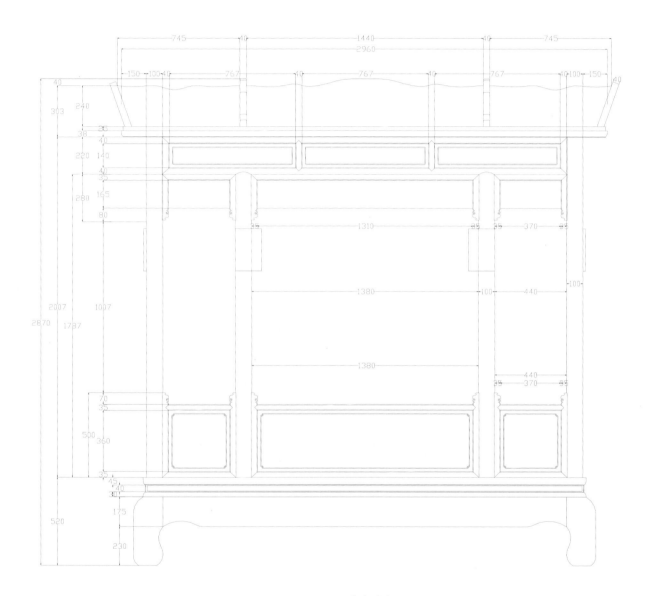

左视图

中国传统家具木工CAD图谱⑤

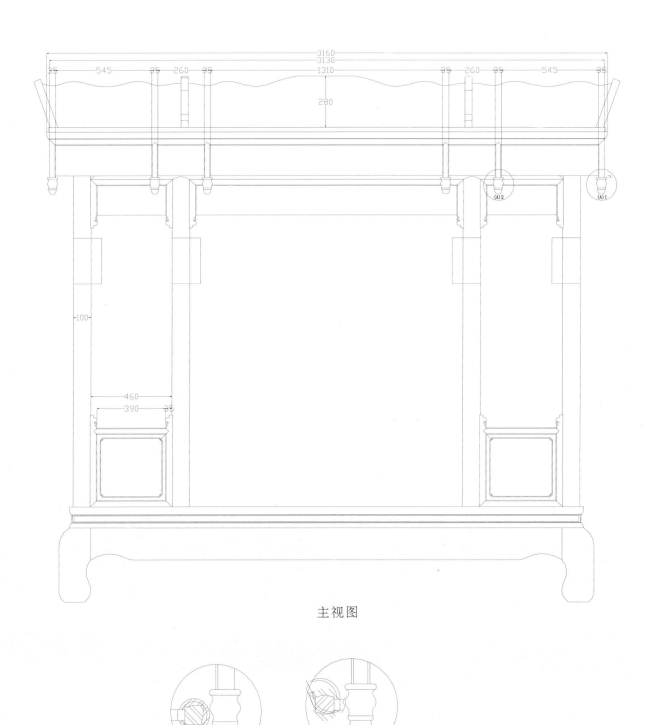

主视图

细节图

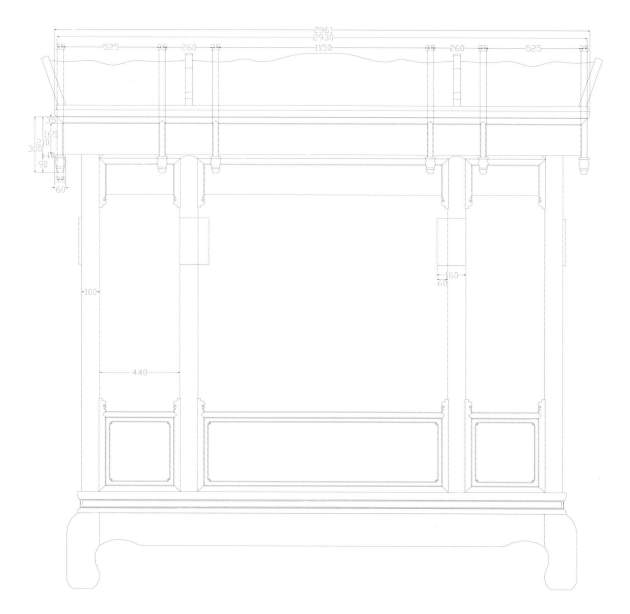

左视图

中国传统家具木工CAD图谱⑤

康禧大床

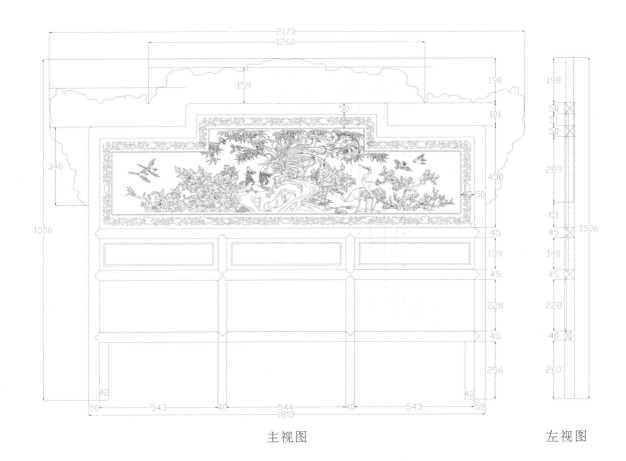

主视图　　　　　　　　左视图

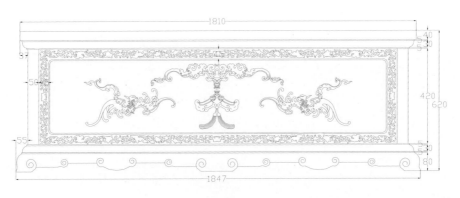

雕刻图

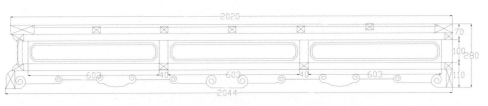

剖视图

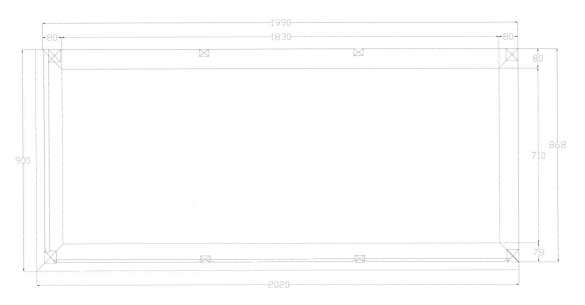

俯视图

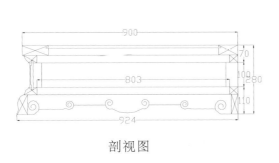

剖视图

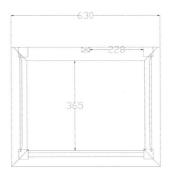

俯视图

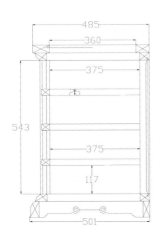

左视图

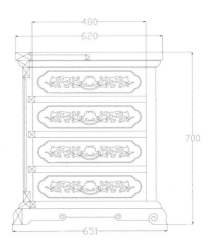

主视图

万历大床

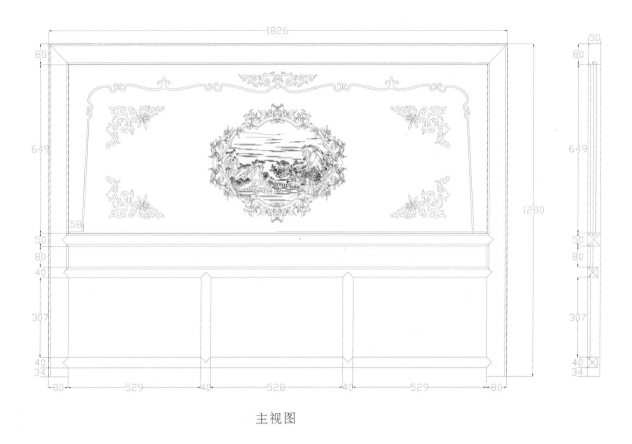

主视图

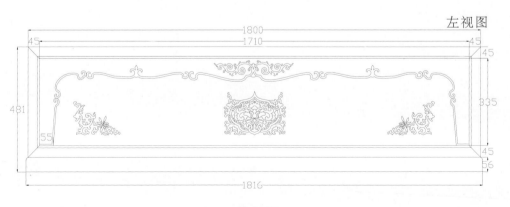

雕刻图

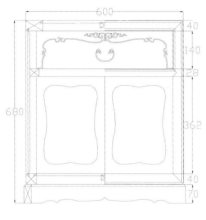

主视图

左视图

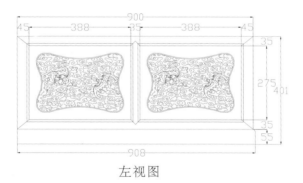

左视图

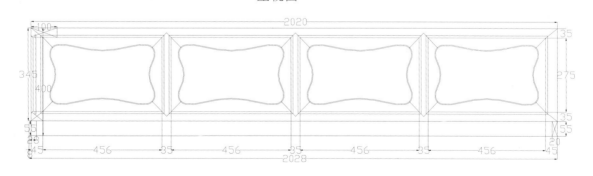

主视图

床榻类 51

威武大床

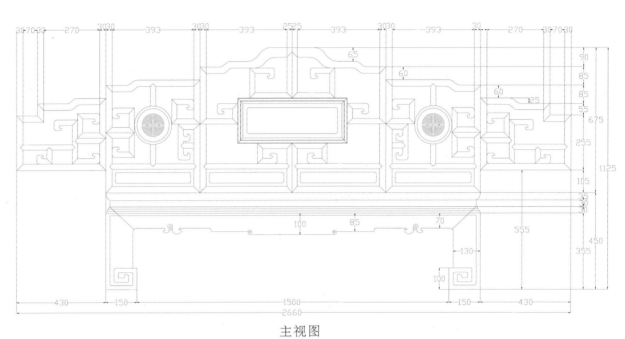

主视图

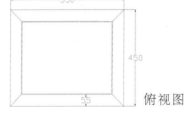

俯视图

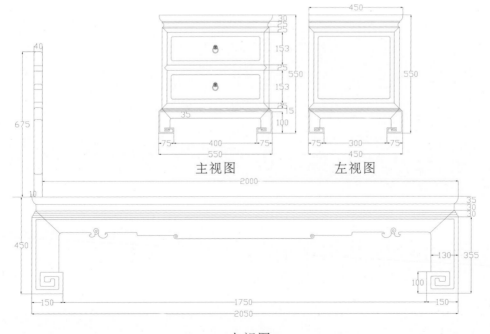

主视图　　左视图

左视图

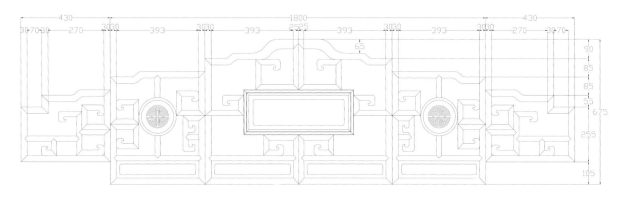

床头图

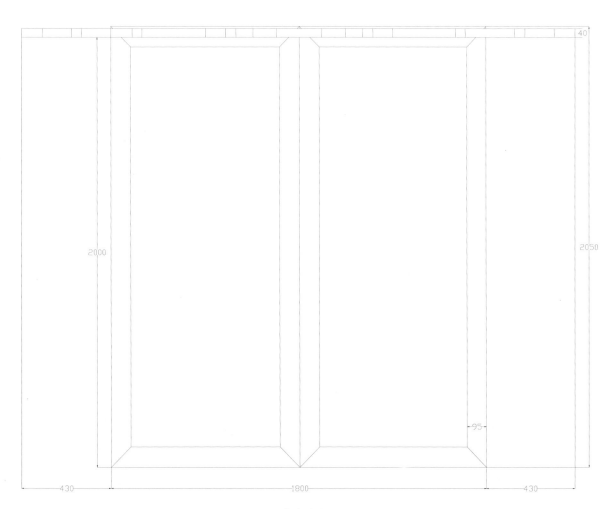

俯视图

床榻类 53

苏式大床

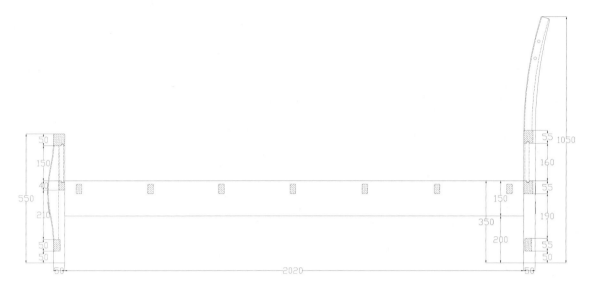

右视图

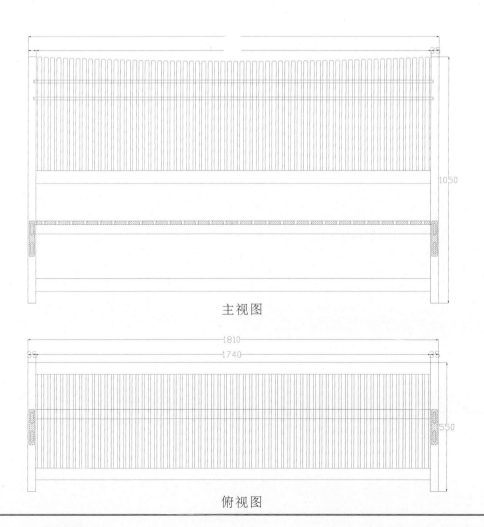

主视图

俯视图

俯视图

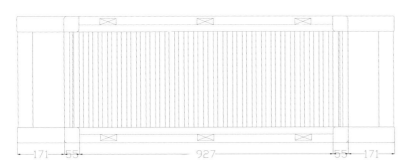

主视图　　　　　　　　　　　　　右视图

中国传统家具木工CAD图谱⑤

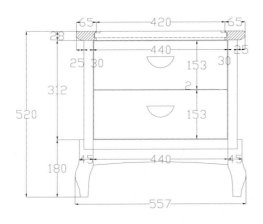

主视图

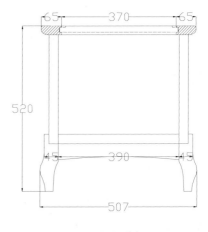

左视图

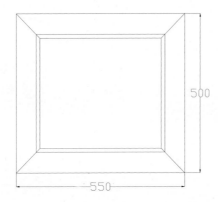

俯视图

大床 1

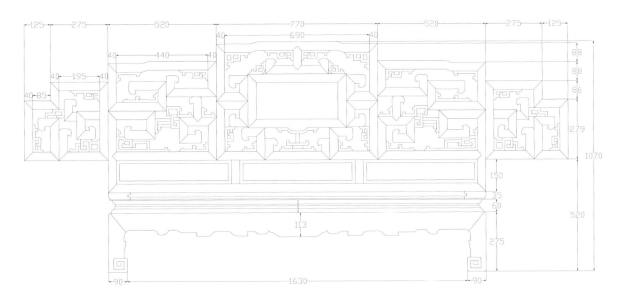

主视图

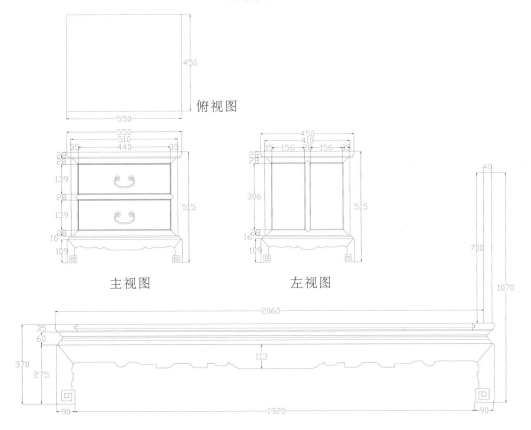

主视图　　　　左视图

右视图

中国传统家具木工CAD图谱⑤

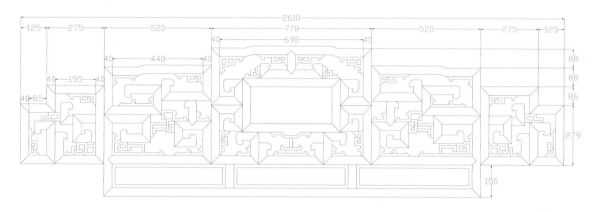

床头图

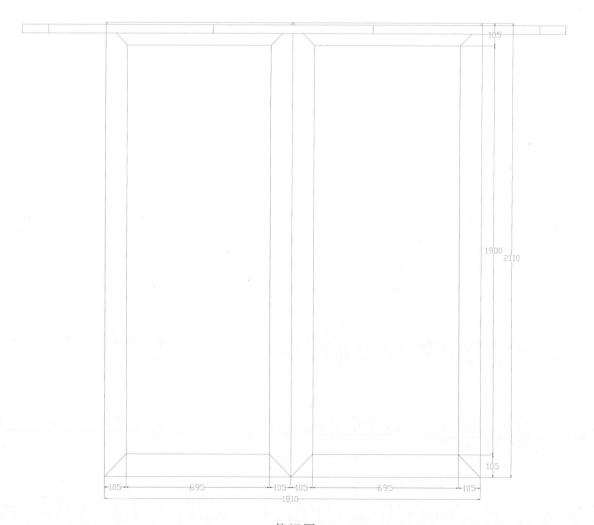

俯视图

58

大床 2

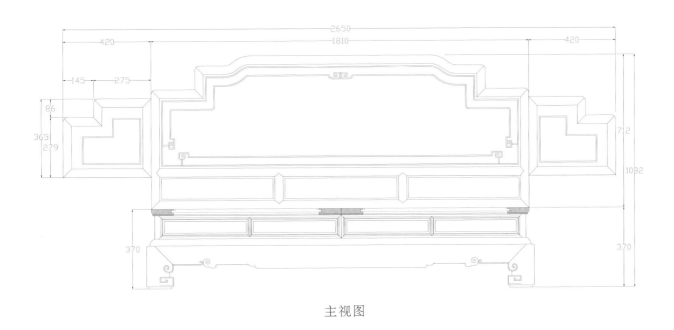

主视图

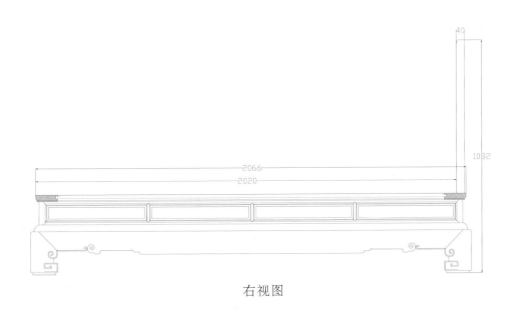

右视图

中国传统家具木工CAD图谱⑤

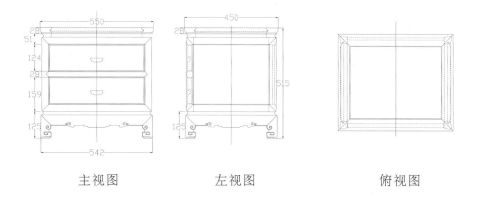

主视图　　　　　左视图　　　　　俯视图

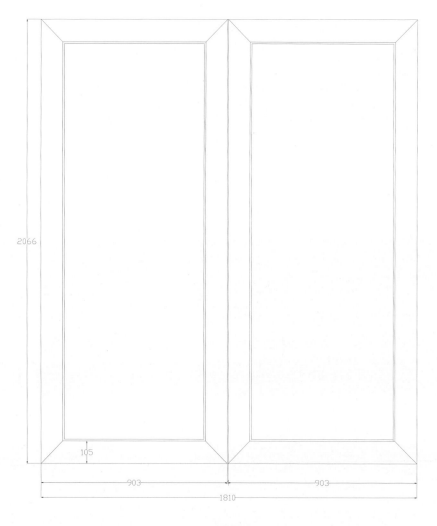

俯视图

大床 3

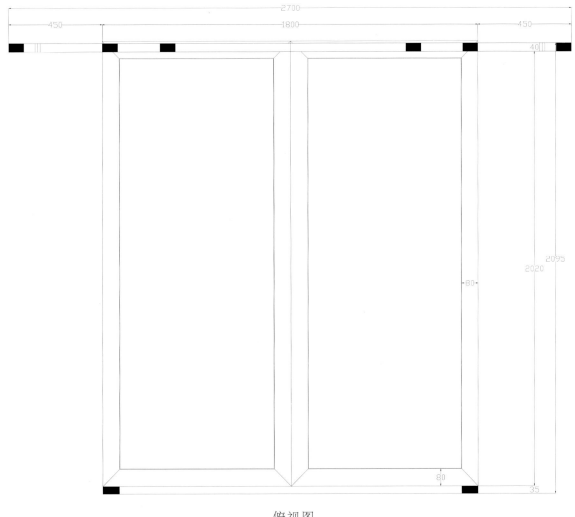

俯视图

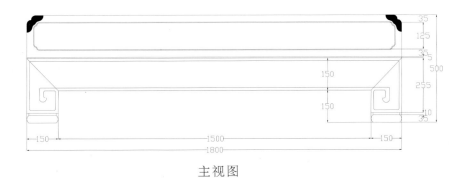

主视图

中国传统家具木工CAD图谱⑤

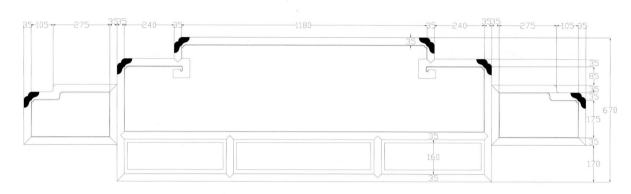

主视图

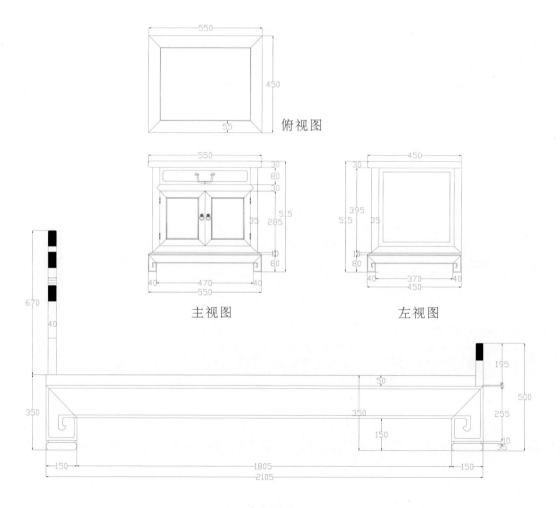

俯视图

主视图　　　　　　左视图

左视图

大床 4

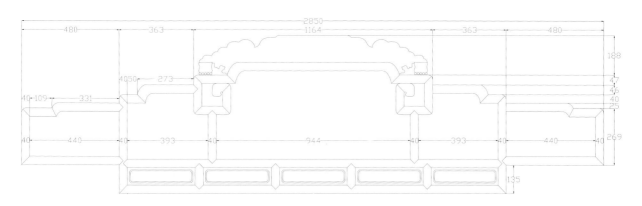

主视图

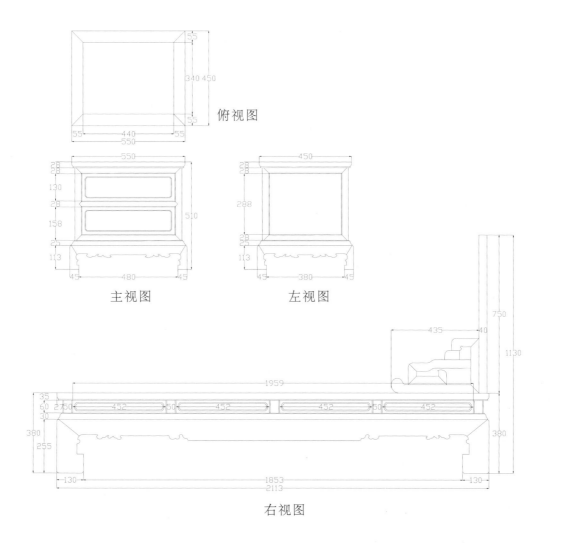

俯视图

主视图　　　左视图

右视图

中国传统家具木工CAD图谱⑤

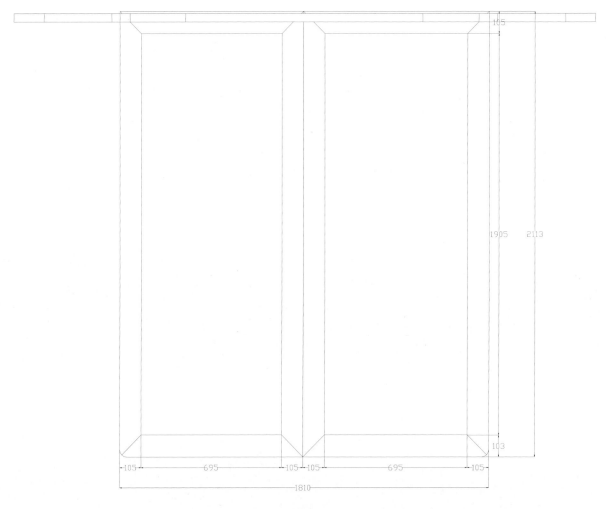

俯视图

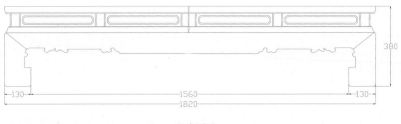

主视图

大床 5

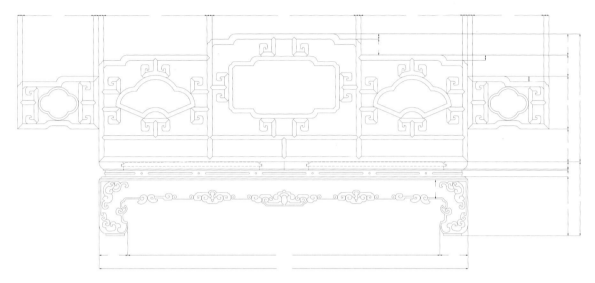

主视图

左视图

中国传统家具木工CAD图谱⑤

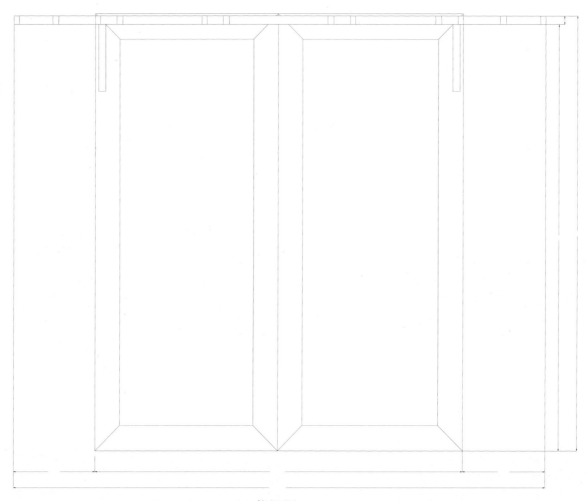

俯视图

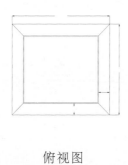

俯视图

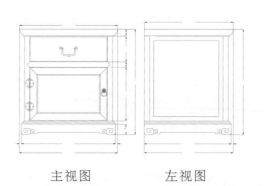

主视图　　左视图

圆合大床

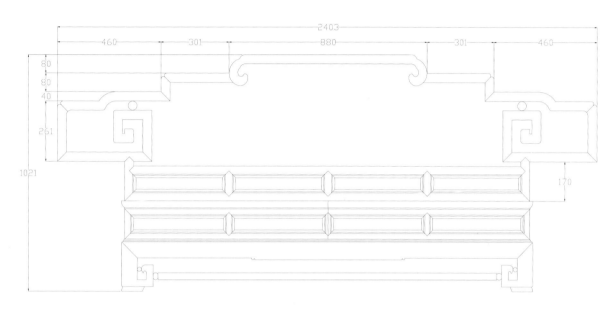

主视图

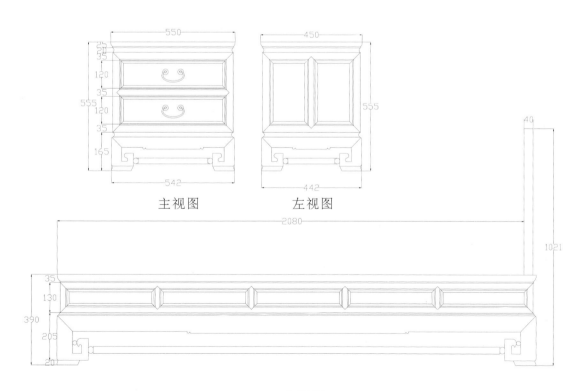

主视图　　左视图

右视图

金麟高低大床

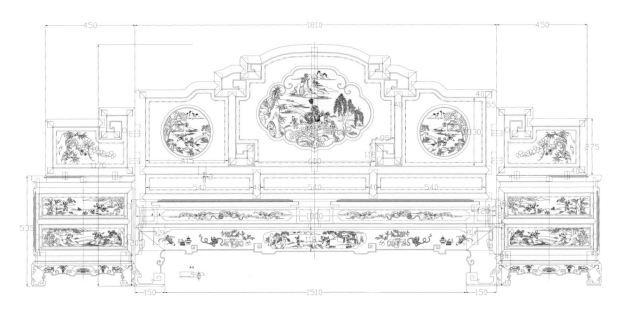

主视图

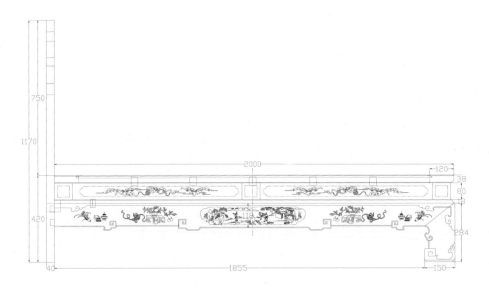

左视图

主视图

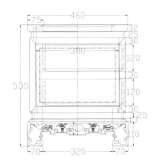

左视图

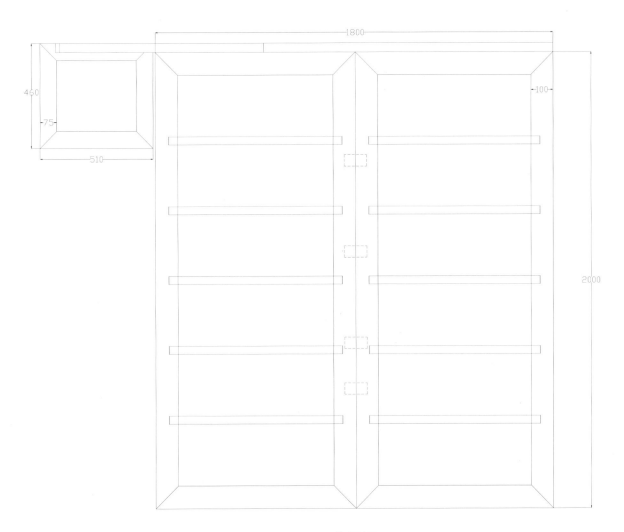

俯视图

群仙麒麟高低大床

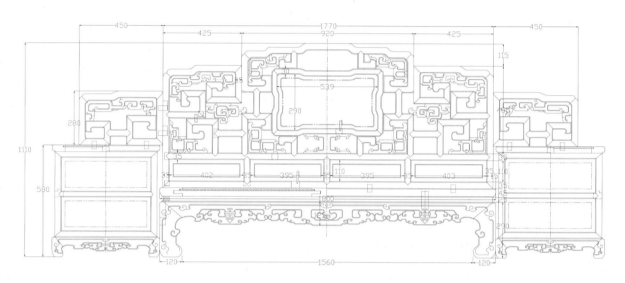

主视图

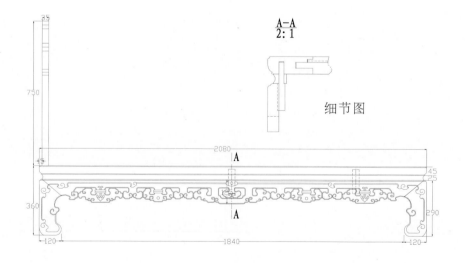

A-A
2:1

细节图

左视图

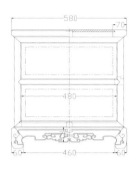
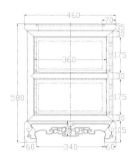

主视图　　　　　左视图

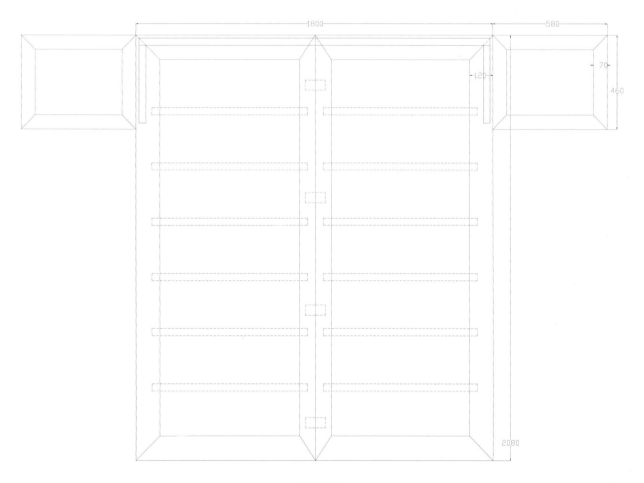

俯视图

中国传统家具木工CAD图谱⑤

富贵高低大床

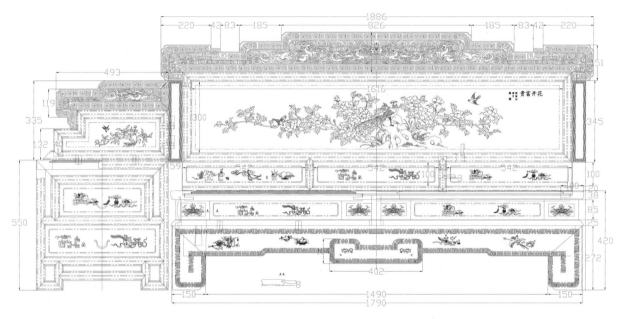

主视图

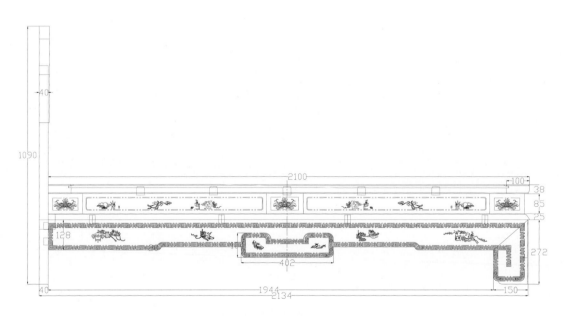

俯视图

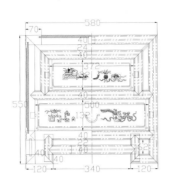
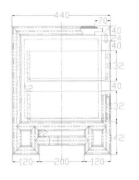

主视图 左视图

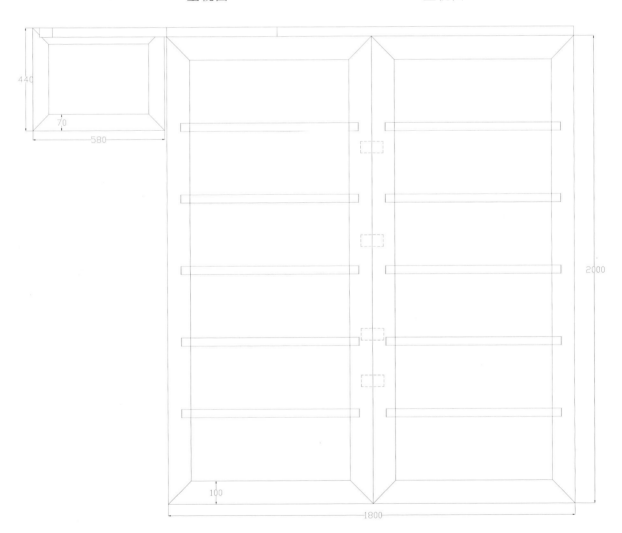

俯视图

罗汉床 1

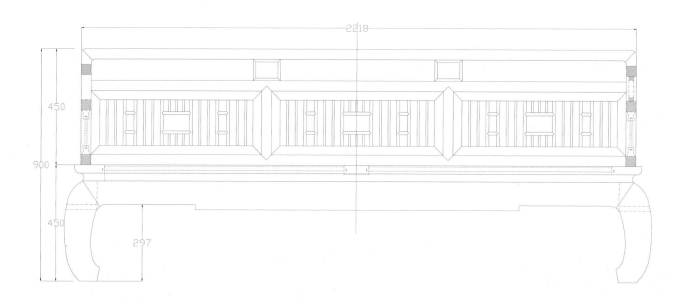

主视图

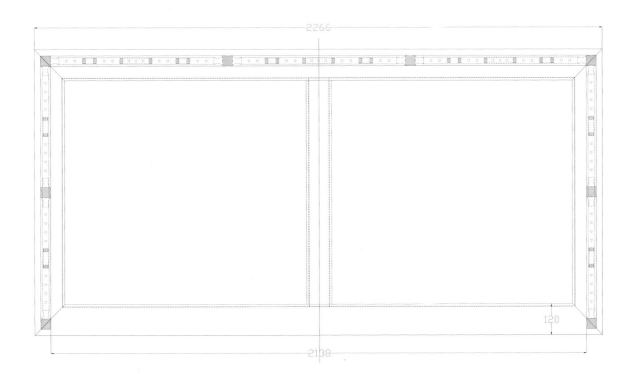

俯视图

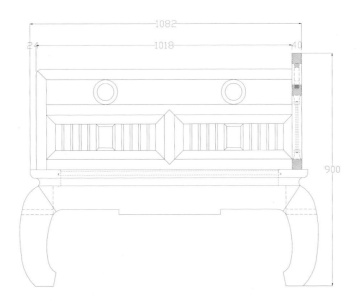

右视图

床榻类 75

罗汉床 2

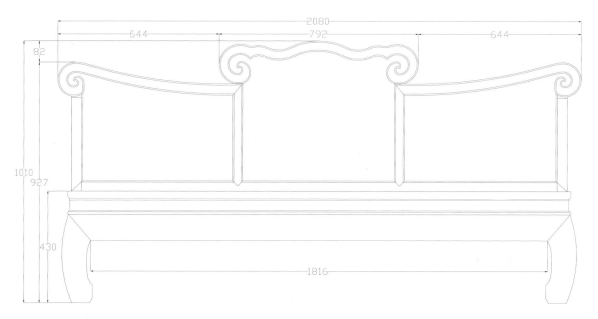

主视图

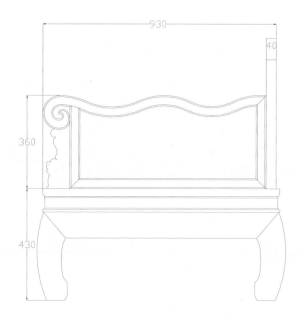

右视图

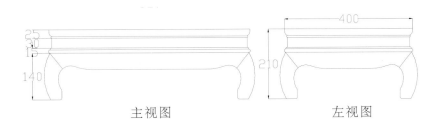

主视图　　　左视图

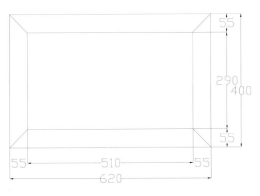

俯视图

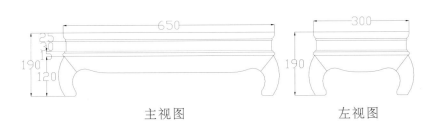

主视图　　　左视图

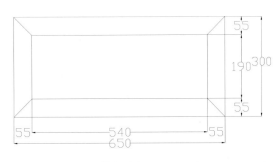

俯视图

罗汉床 3

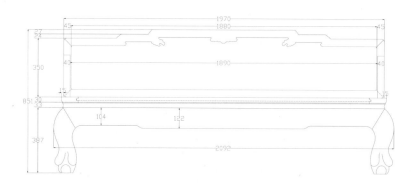

主视图

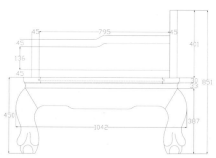

右视图

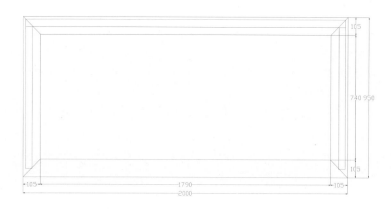

俯视图

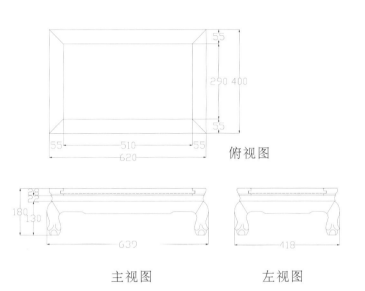

俯视图

主视图 左视图

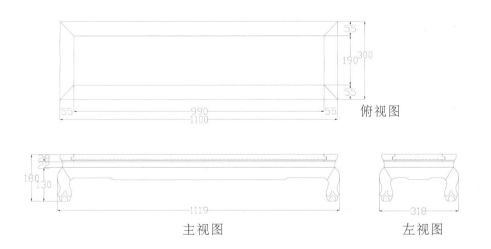

俯视图

主视图 左视图

床榻类 79

中国传统家具木工CAD图谱⑤

罗汉床 4

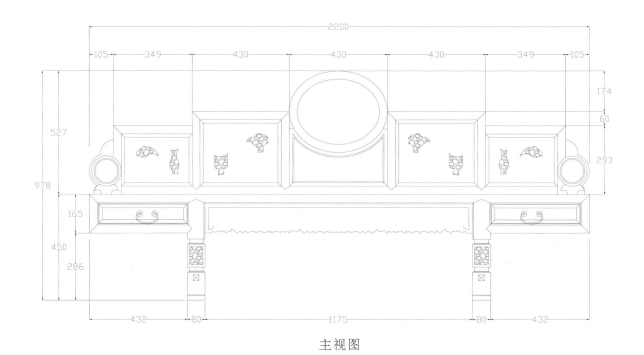

主视图

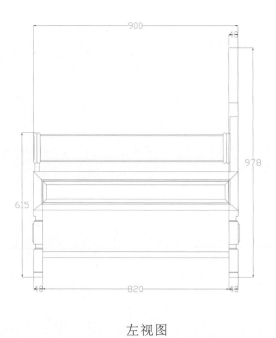

左视图

罗汉床 5

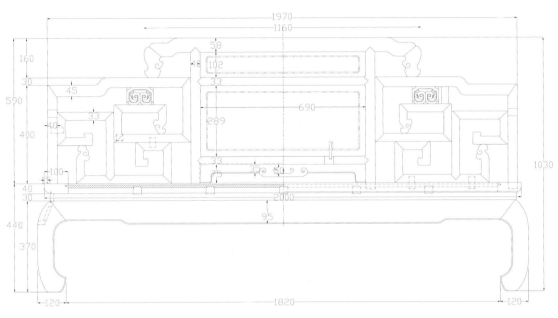

主视图

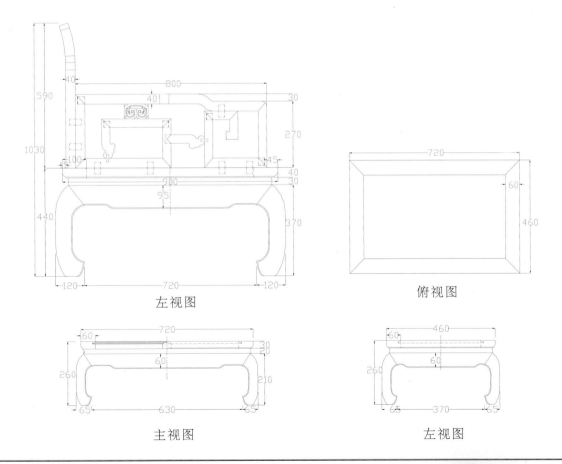

左视图　　　　　　　　　　俯视图

主视图　　　　　　　　　　左视图

罗汉床6

俯视图

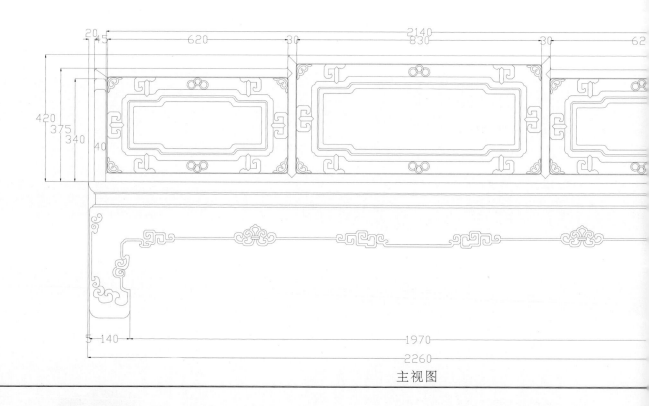

主视图

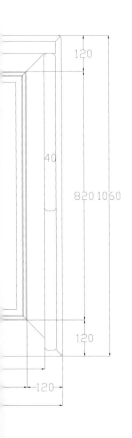
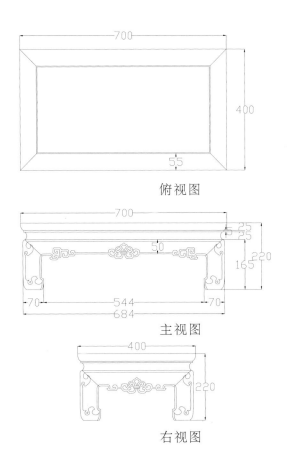

俯视图

主视图

右视图

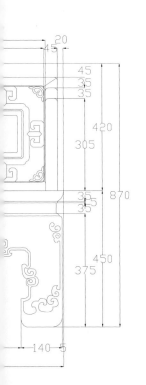
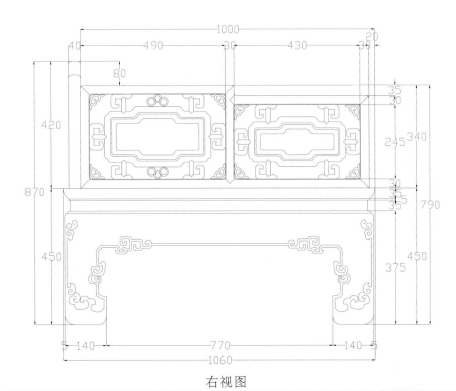

右视图

罗汉床7

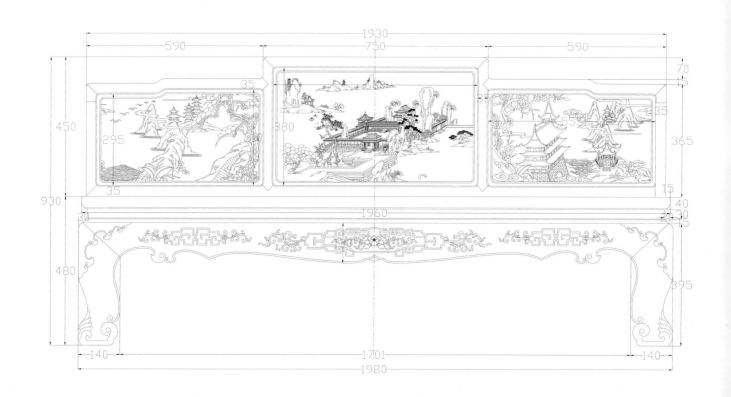

主视图

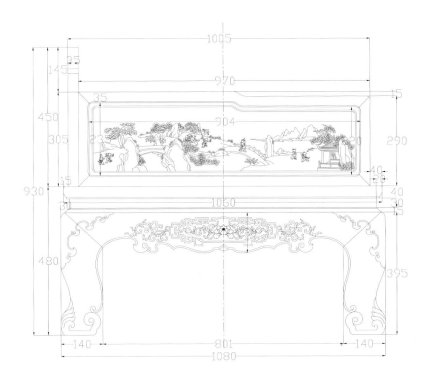

左视图

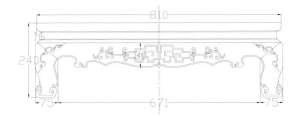

主视图

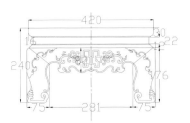

左视图

罗汉床8

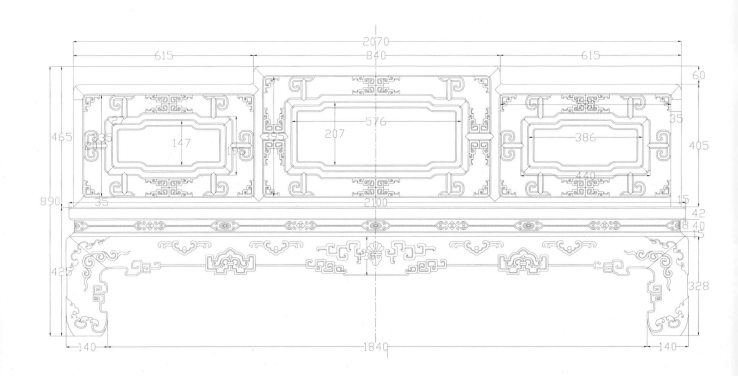

主视图

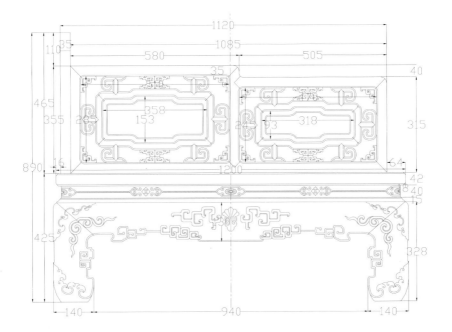

右视图

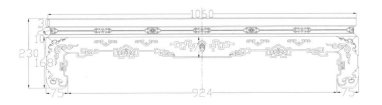

主视图

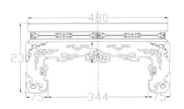

右视图

床榻类 87

罗汉床 9

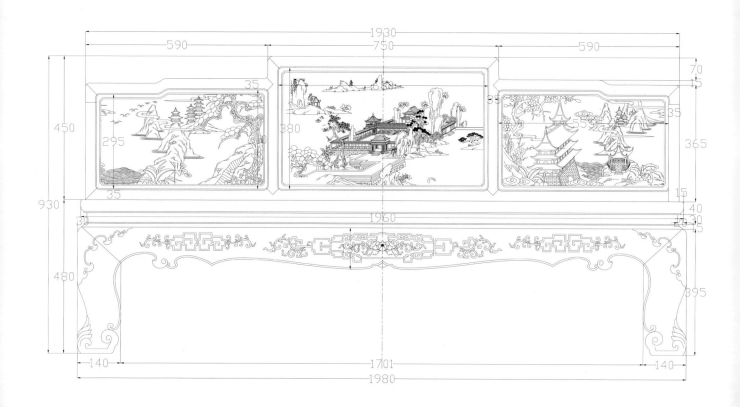

主视图

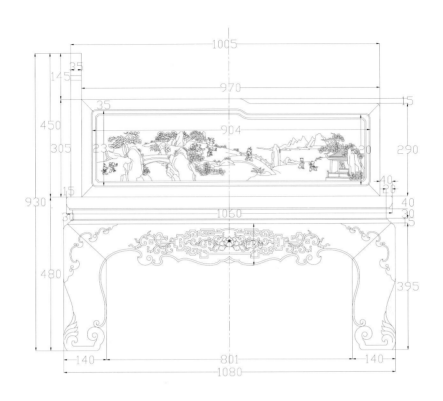

左视图

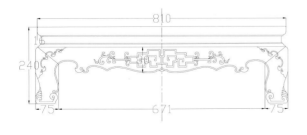

主视图

左视图

罗汉床 10

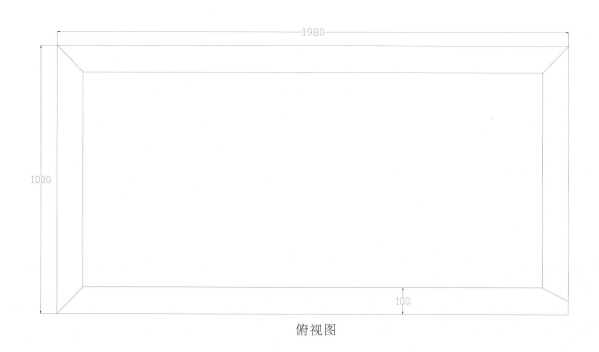

俯视图

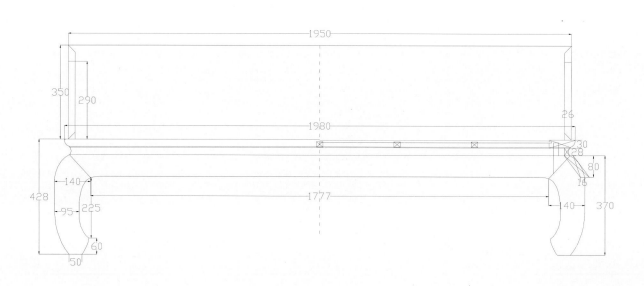

主视图

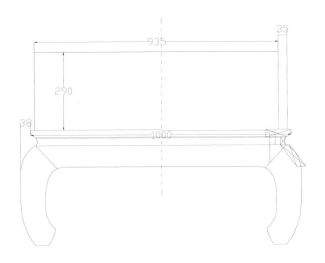

左视图

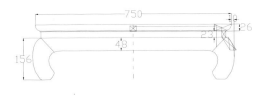

主视图

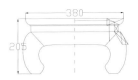

左视图

俯视图

自在罗汉床

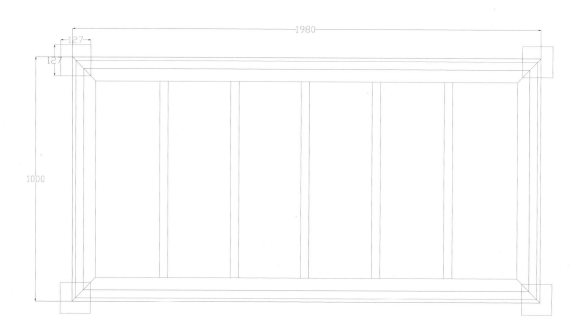

俯视图

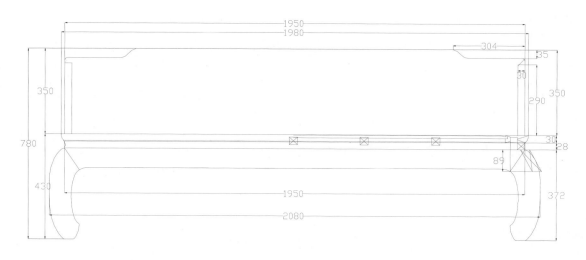

主视图

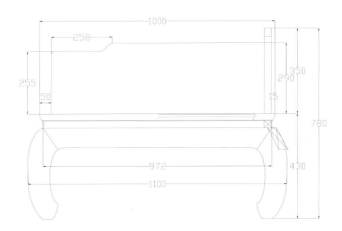

左视图

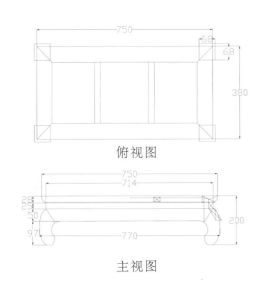

俯视图

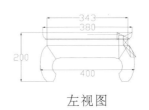

主视图　　　　　　　　左视图

三屏式罗汉床

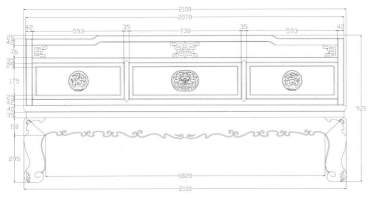

主视图

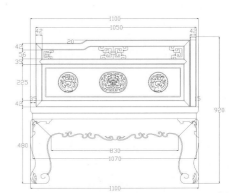

左视图

俯视图

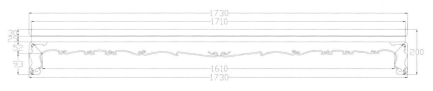

主视图

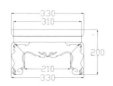

左视图

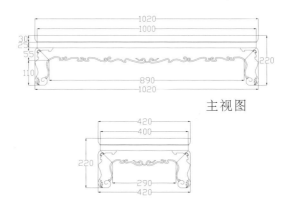

主视图

左视图

曲尺罗汉床

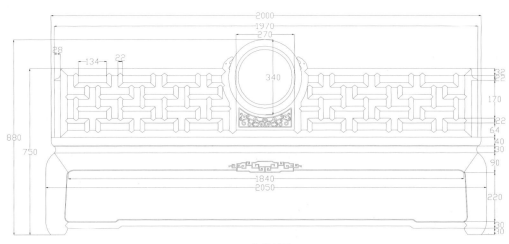

主视图

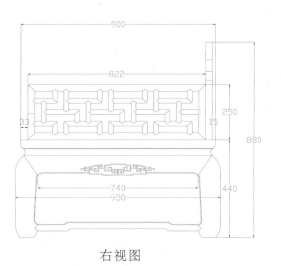

右视图

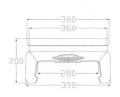

主视图　　右视图

主视图　　右视图

古龙罗汉床

主视图

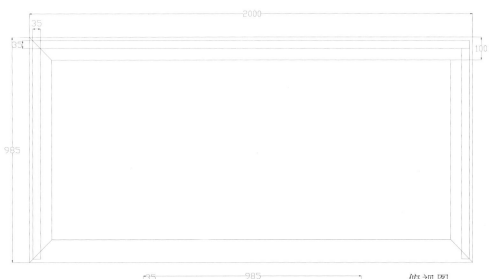

俯视图

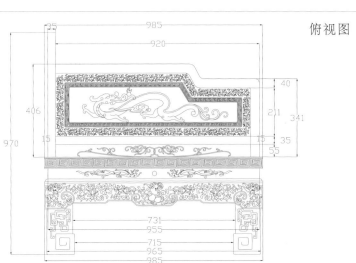

左视图

七屏式雕花罗汉床

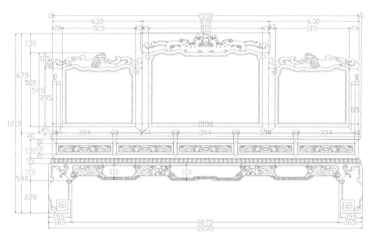

主视图

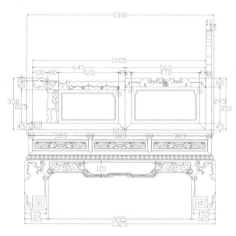

右视图

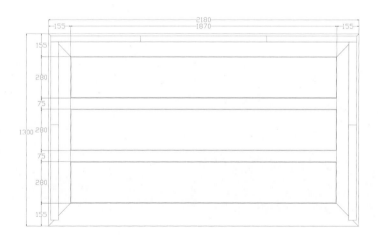

俯视图

主视图　　　　右视图

俯视图

主视图　　　　右视图

俯视图

中国传统家具木工CAD图谱⑤

雕玉璧罗汉床

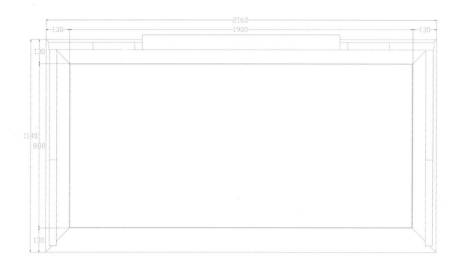

俯视图

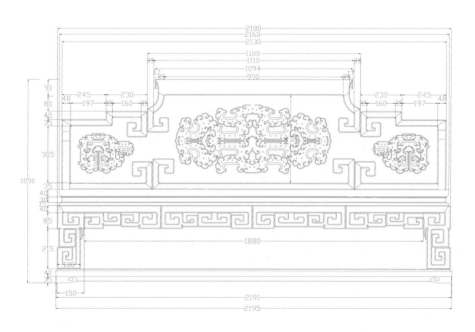

主视图

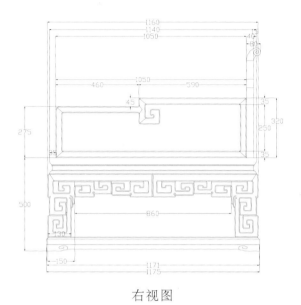

右视图

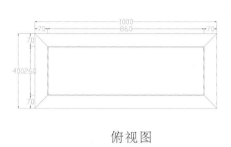

主视图 右视图

俯视图

草花纹式罗汉床

俯视图

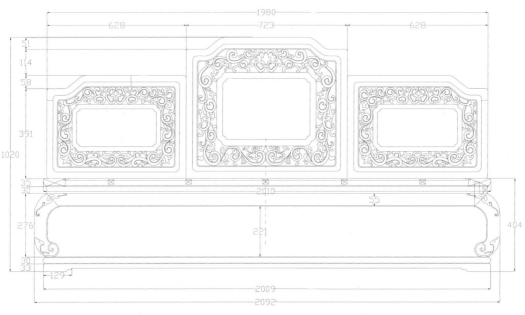

主视图

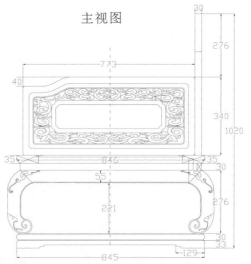

右视图

福寿纹罗汉床

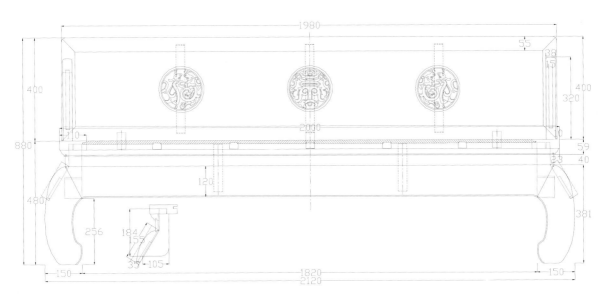

主视图

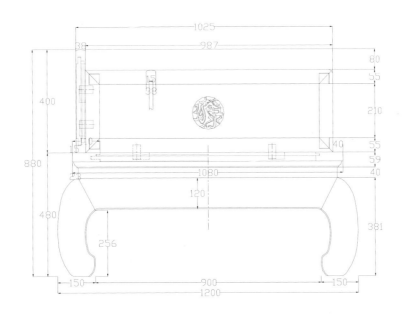

左视图

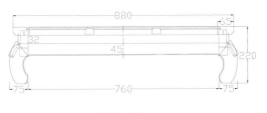

主视图

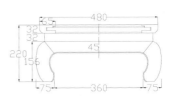

左视图

百子罗汉床

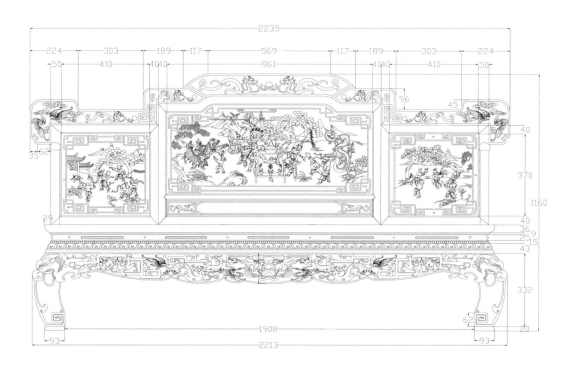

主视图

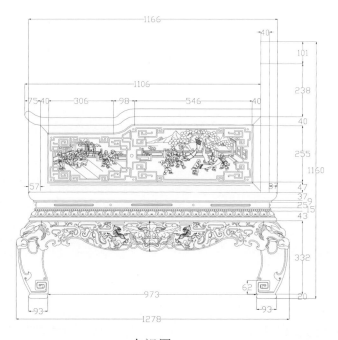

右视图

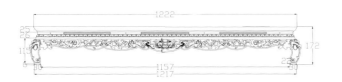 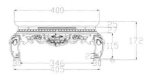

主视图　　　　　　　　　　右视图

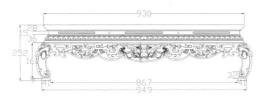 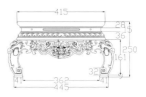

主视图　　　　　　　　　　右视图

八仙罗汉床

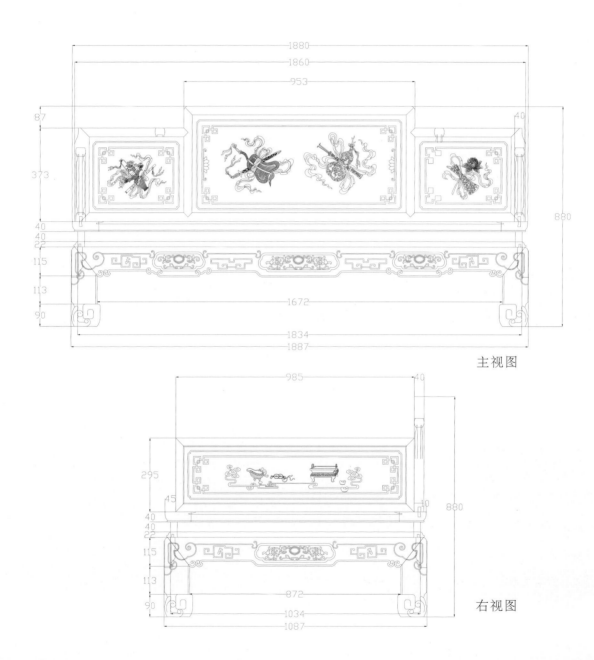

主视图

右视图

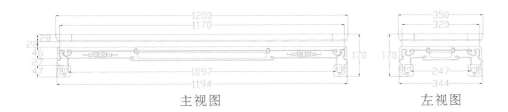

主视图　　　　　　　　左视图

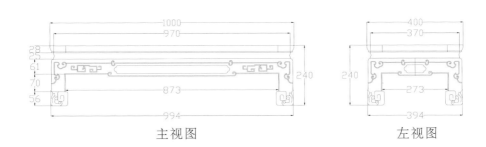

主视图　　　　　　　　左视图

山水罗汉床1

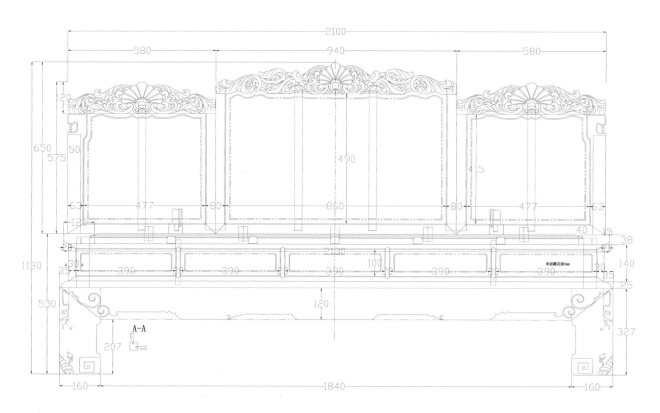

主视图

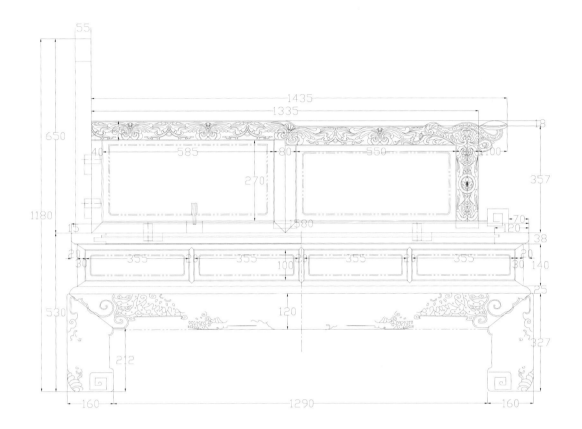

左视图

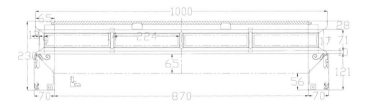

主视图

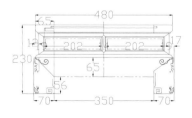

左视图

床榻类 **109**

山水罗汉床2

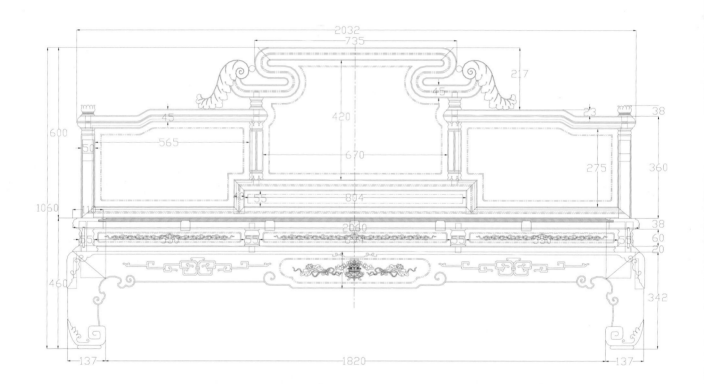

主视图

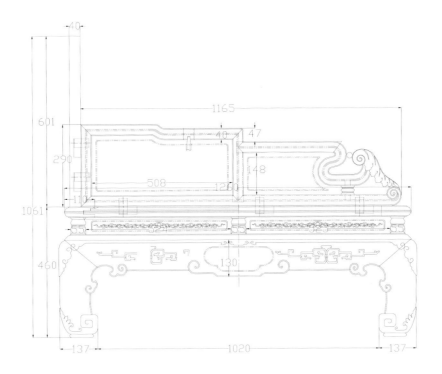

左视图

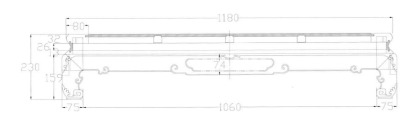

主视图

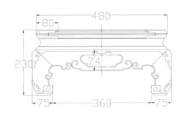

左视图

花鸟罗汉床

主视图

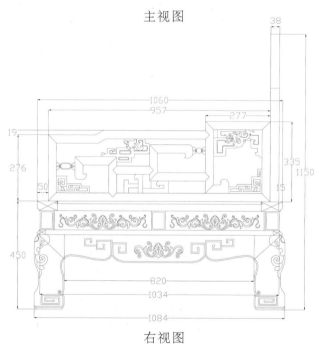

右视图

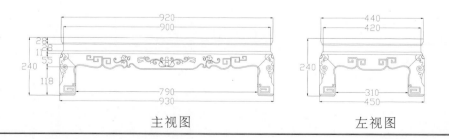

主视图　　左视图

花鸟纹罗汉床

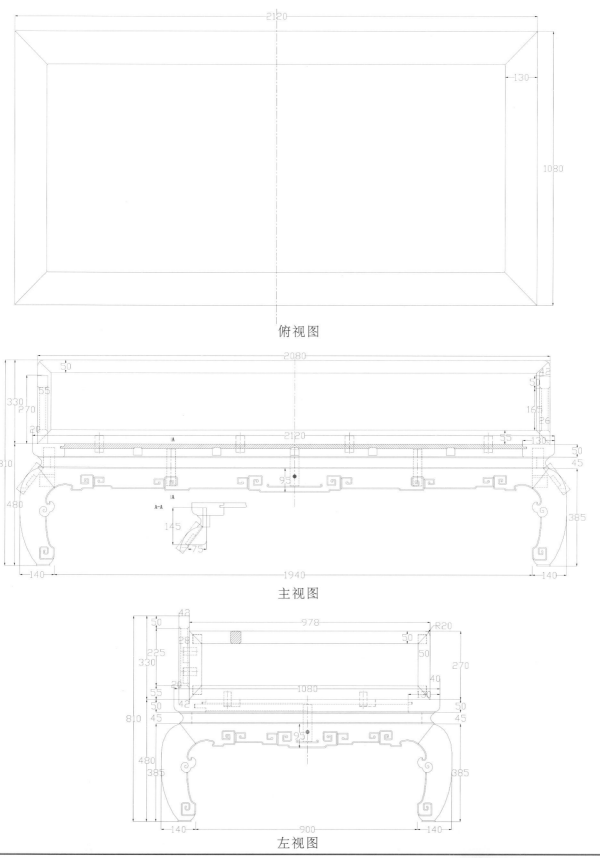

俯视图

主视图

左视图

千里江山罗汉床

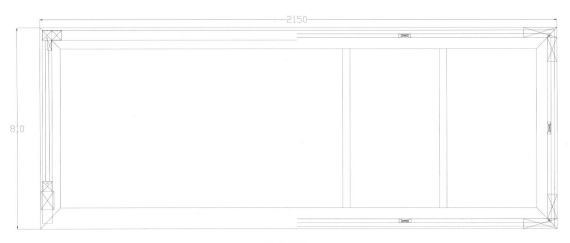

俯视图

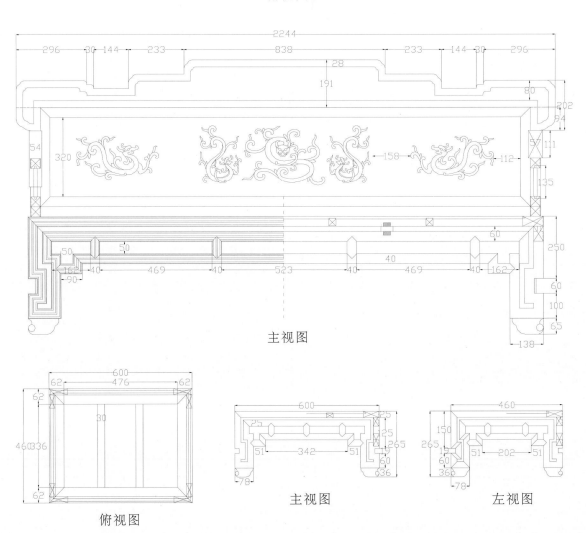

主视图

俯视图　　　主视图　　　左视图

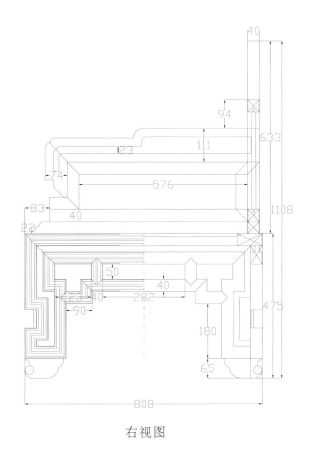

右视图

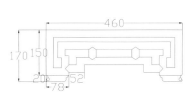

左视图

俯视图

主视图

中国传统家具木工CAD图谱⑤

月洞床

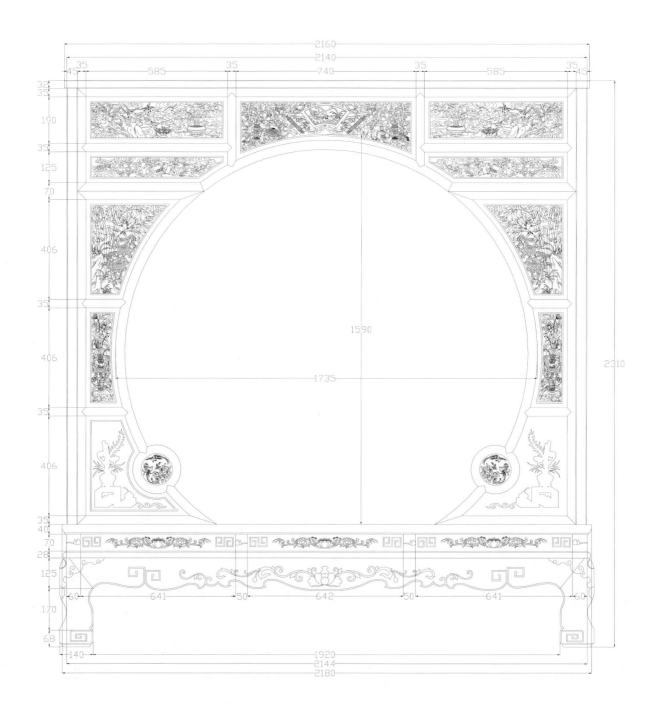

主视图

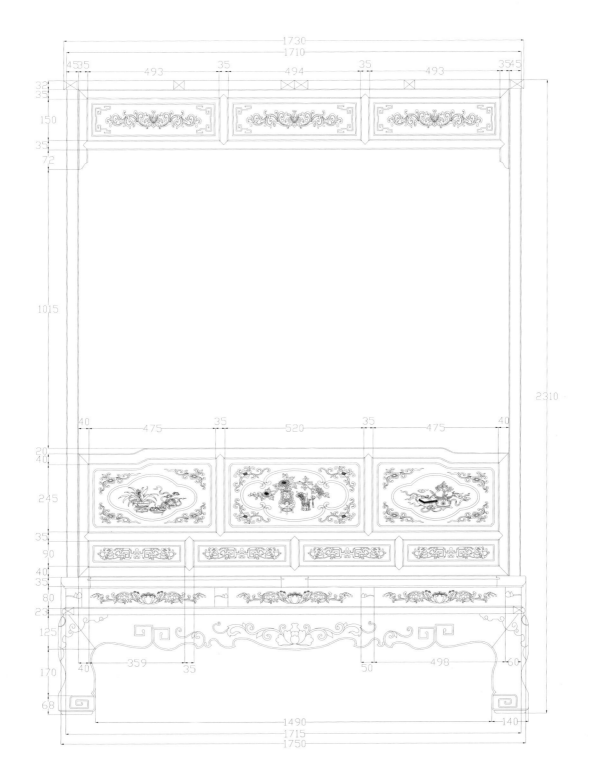

左视图

中国传统家具木工CAD图谱⑤

山水人物架子床

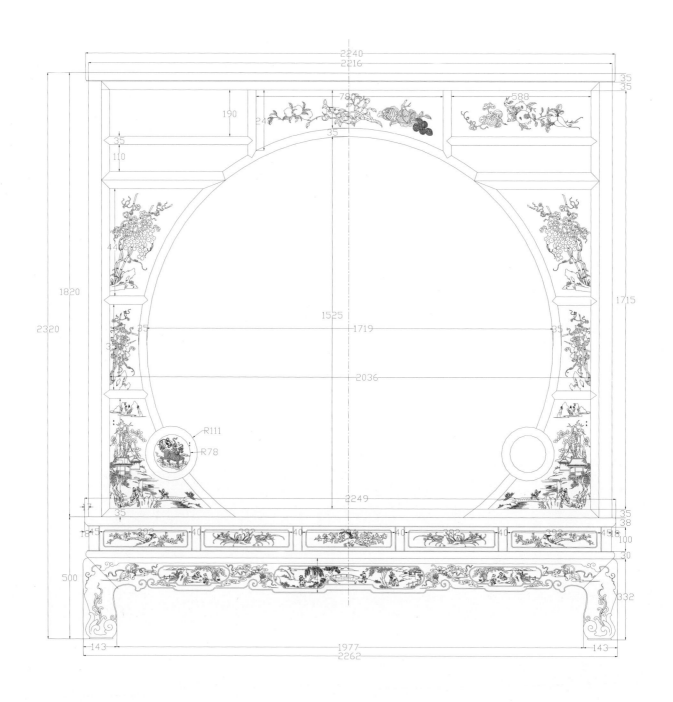

主视图

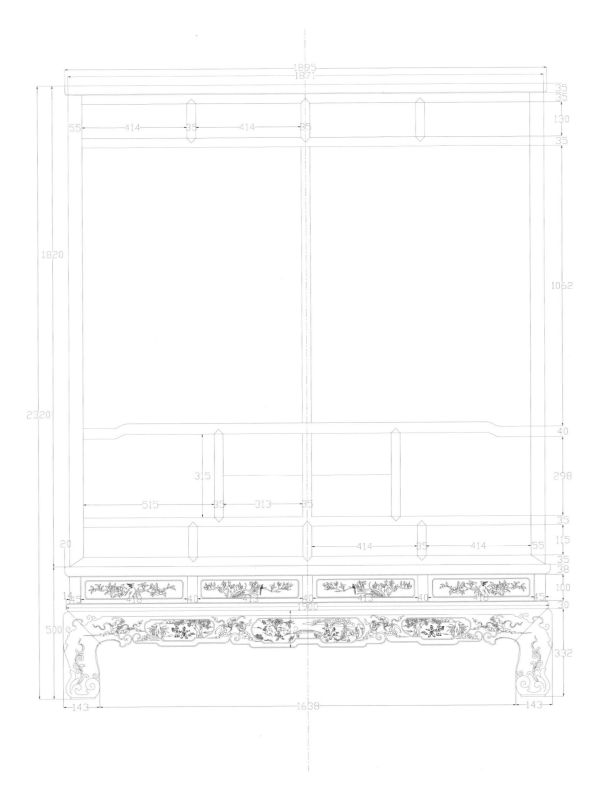

左视图

清代紫檀红木合料八柱架子床

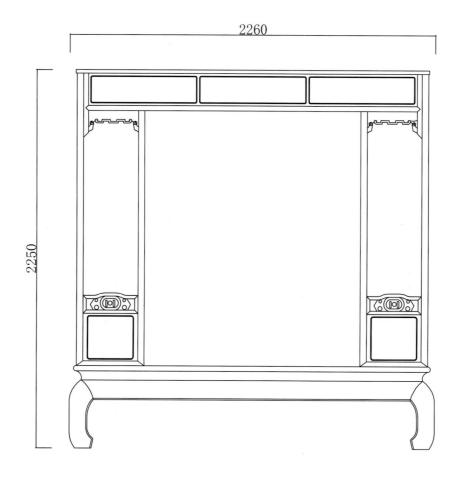

主视图

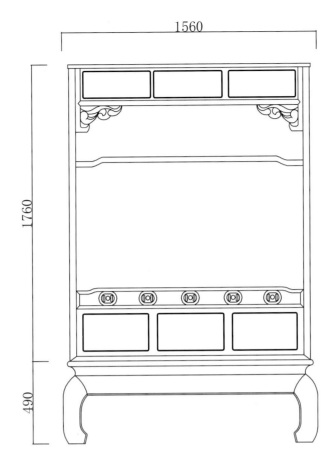

左视图

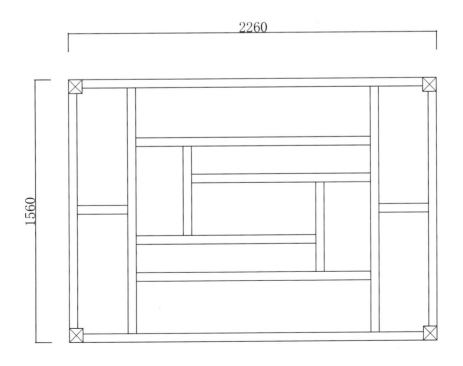

俯视图

贵妃床

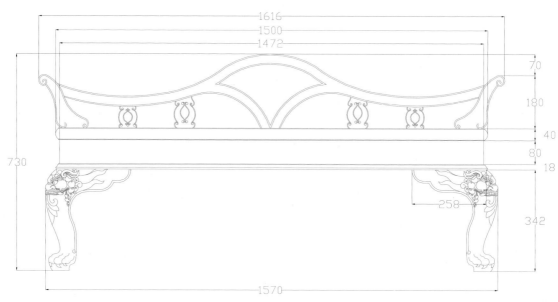

主视图

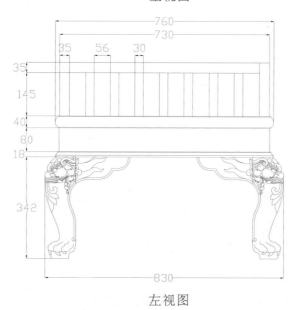

左视图

主视图

左视图

富贵贵妃床

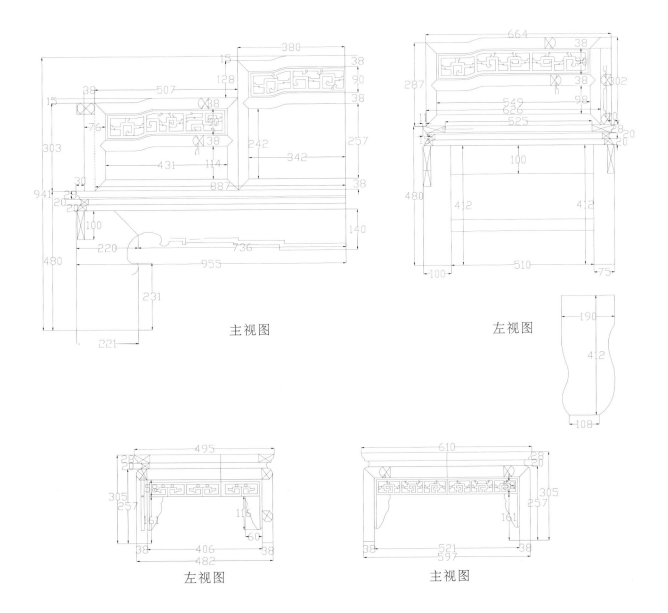

主视图　　　左视图

左视图　　　主视图

左视图

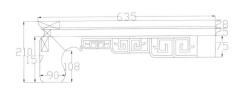

主视图

福运美人榻

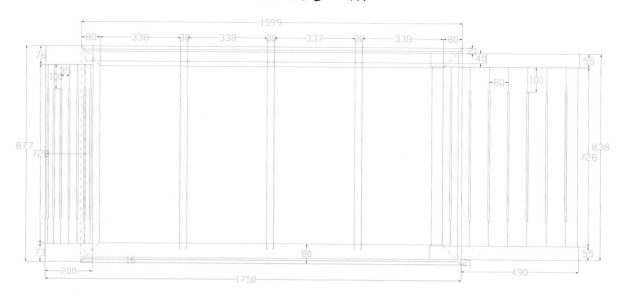

俯视图

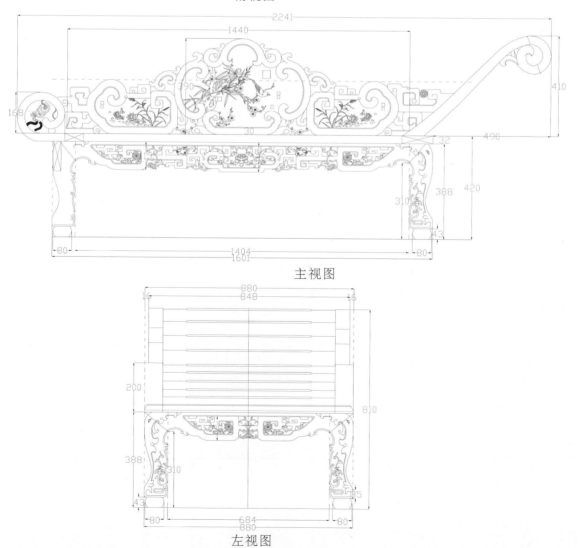

主视图

左视图

仿竹节贵妃床

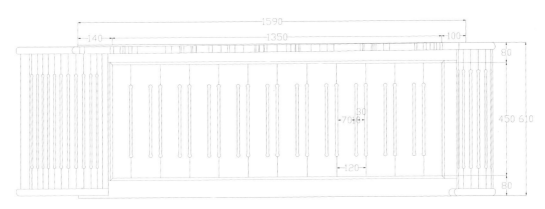

俯视图

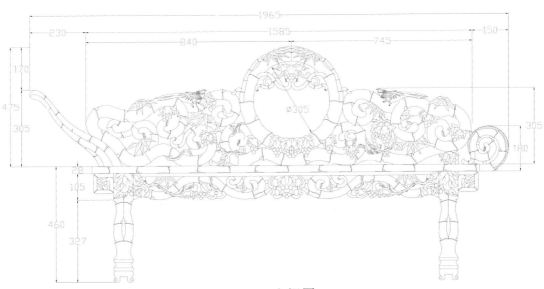

主视图

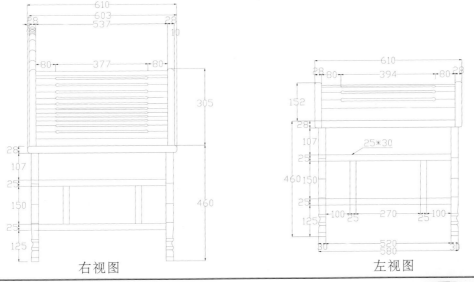

右视图　　　　　左视图

贵妃榻

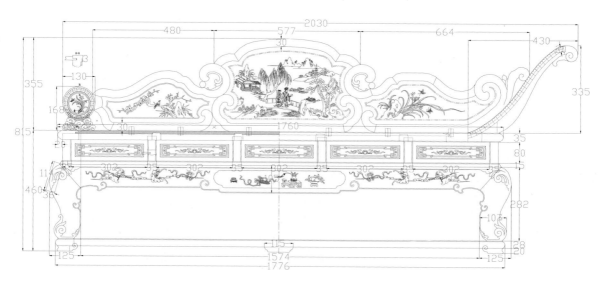

主视图

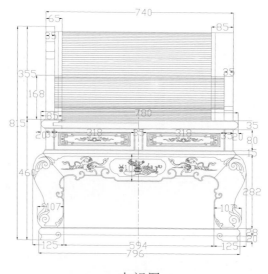

左视图

凉榻

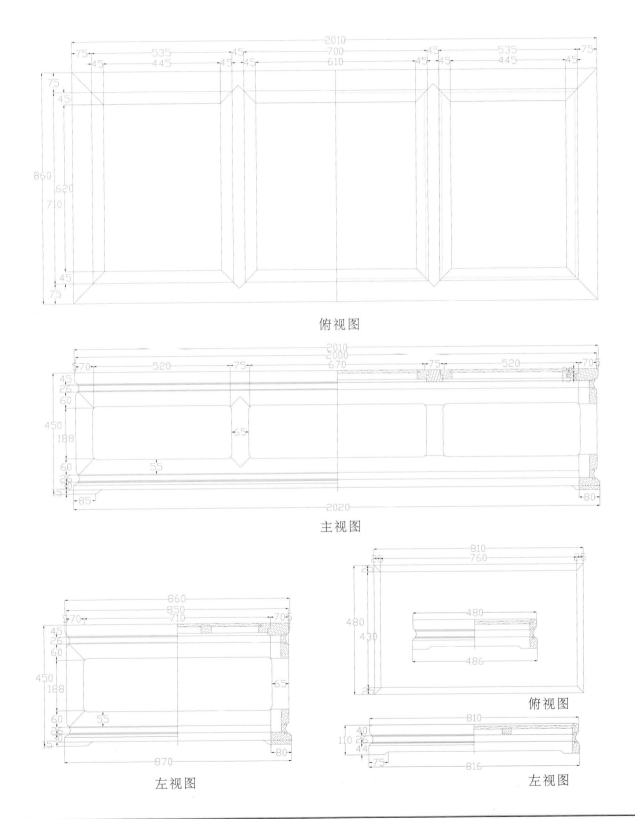

俯视图

主视图

左视图　　　俯视图

左视图

明式架子床

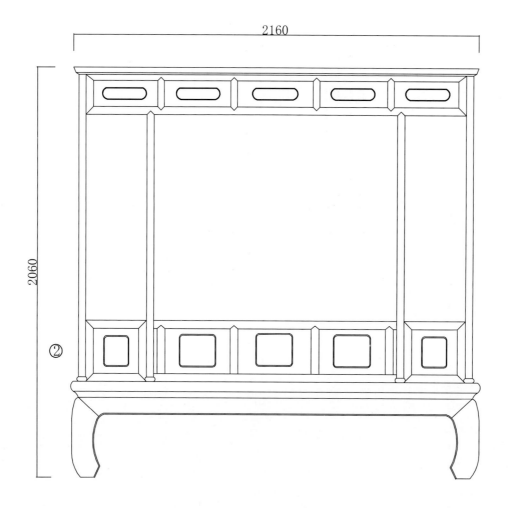

主视图

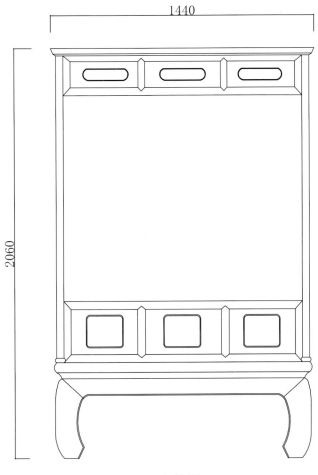

左视图

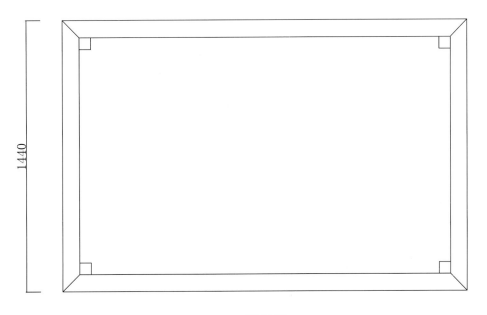

俯视图

明式直棖四柱架子床

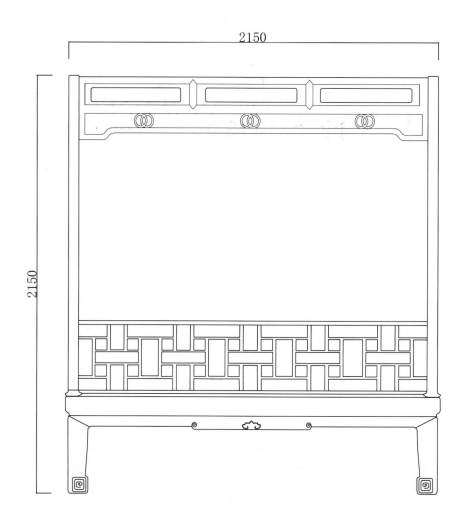

主视图

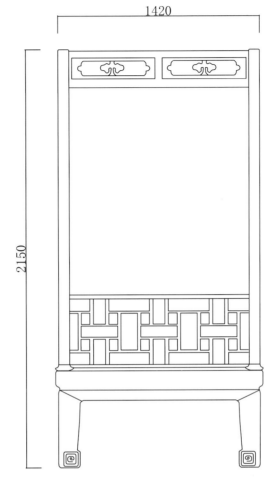

左视图

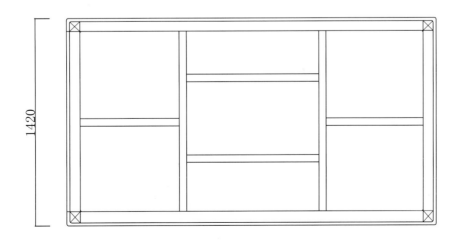

俯视图

中国传统家具木工 CAD 图谱⑤

清式如意云纹六柱架子床

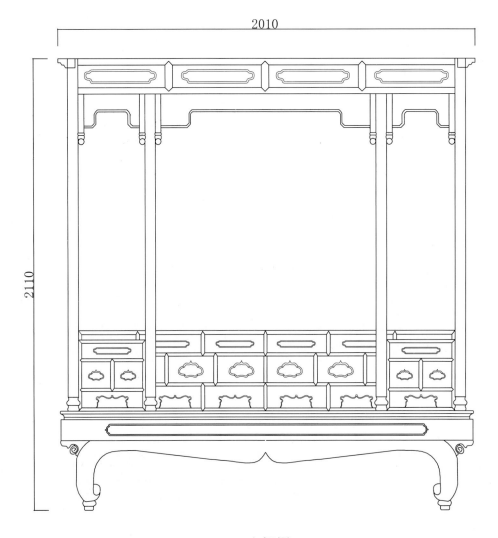

主视图

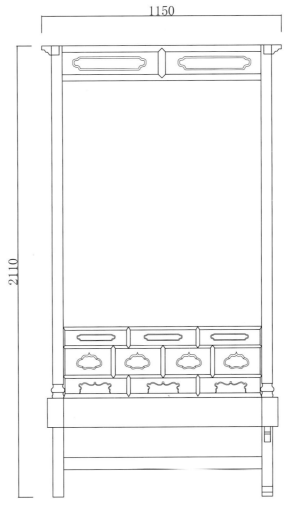

左视图

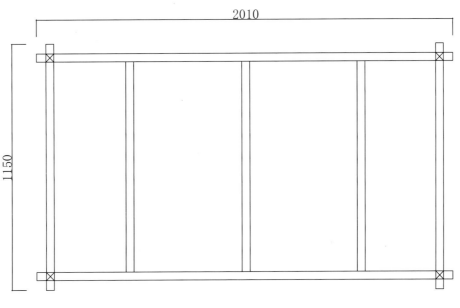

俯视图

清式榀联床

主视图

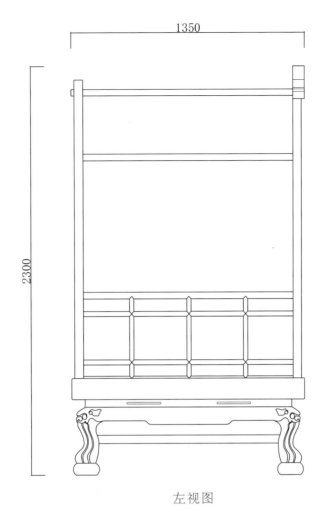

左视图

俯视图

明式洞式门架子床

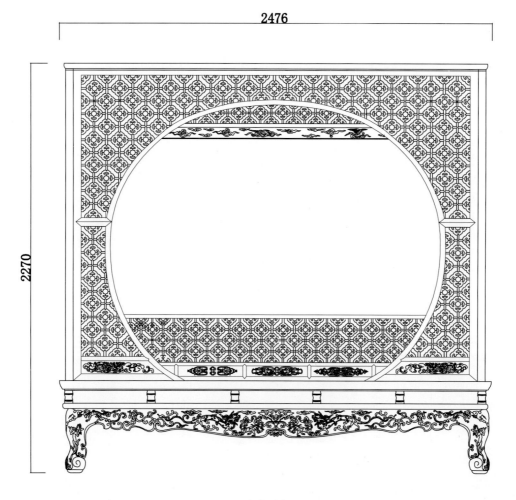

主视图

1878

左视图

2476

1878

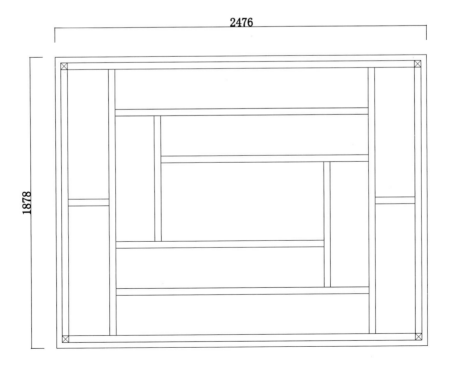

俯视图

清式全围窗精雕床

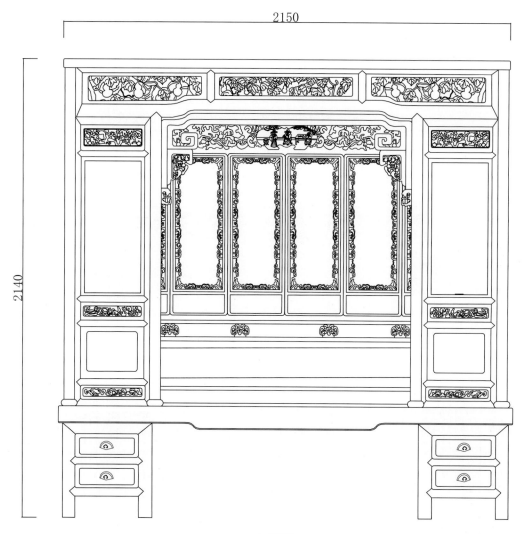

主视图

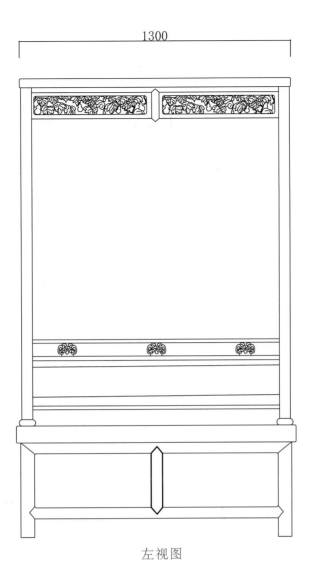

左视图

俯视图

清代屋檐式嵌骨拔步床

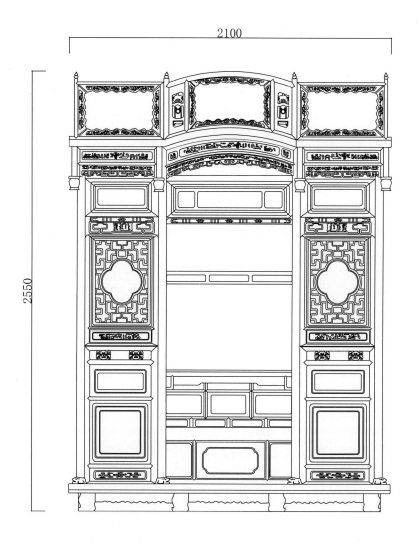

主视图

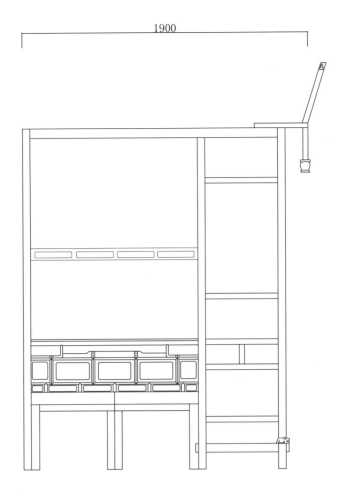

左视图

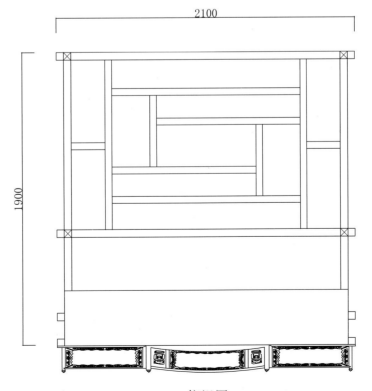

俯视图

明式卷草纹大床

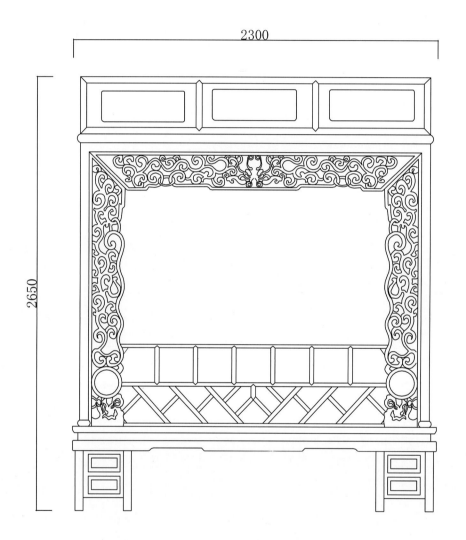

主视图

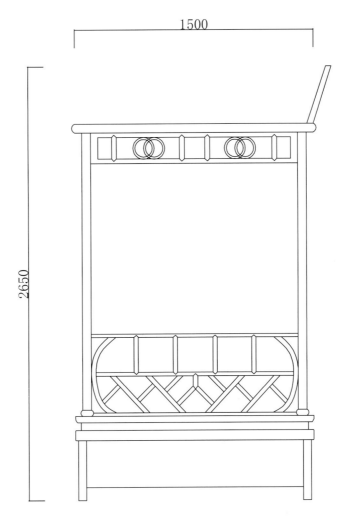

左视图

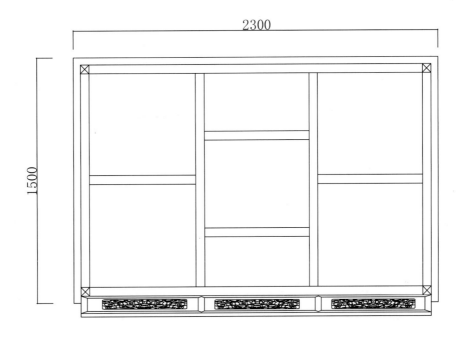

俯视图

清式一品爵位大床

主视图

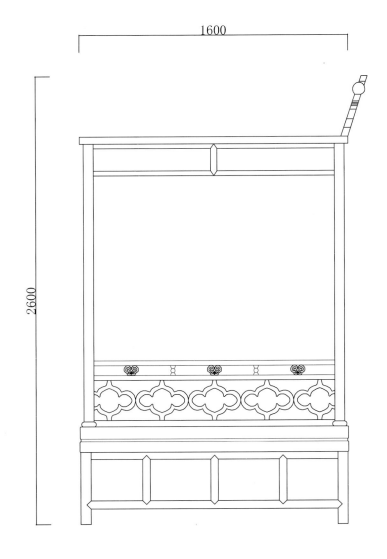

左视图

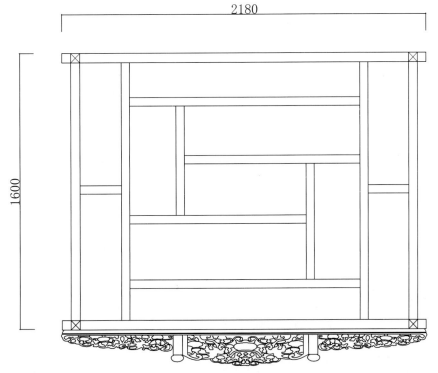

俯视图

中国传统家具木工 CAD 图谱⑤

清式架子床

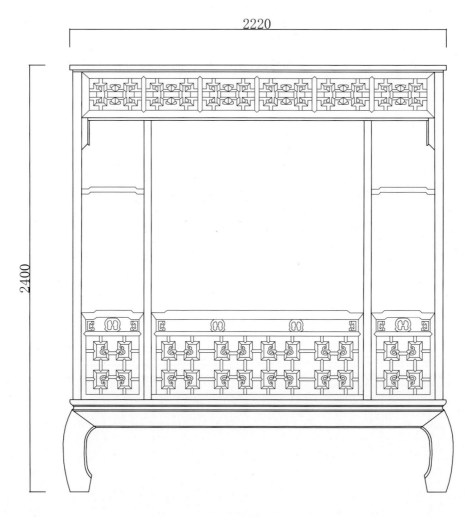

主视图

146

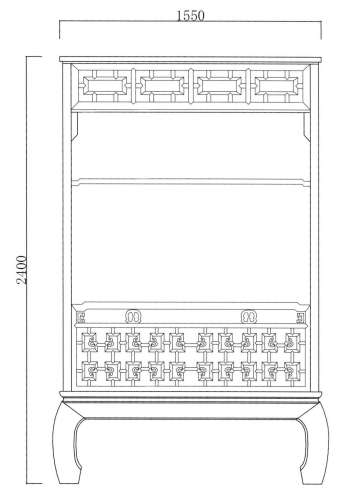

左视图

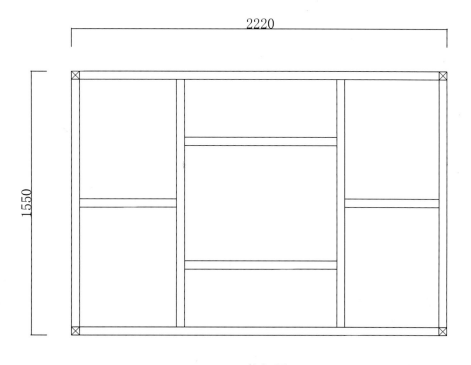

俯视图

明式卷草纹藤心罗汉床

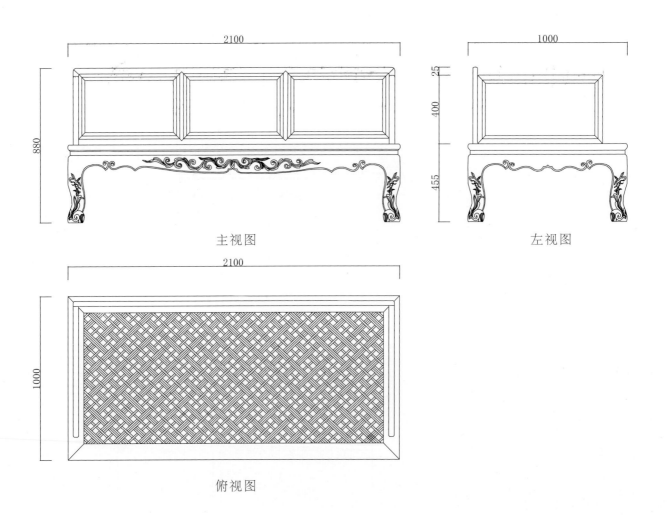

主视图

左视图

俯视图

清式罗汉床

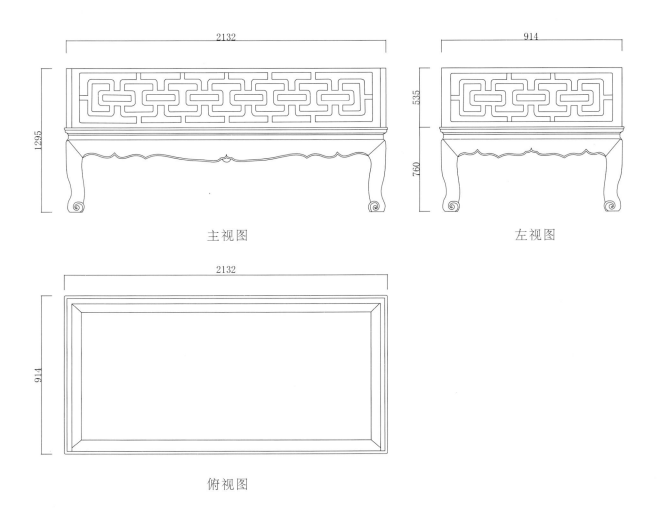

主视图   左视图

俯视图

清式浮雕龙纹罗汉床

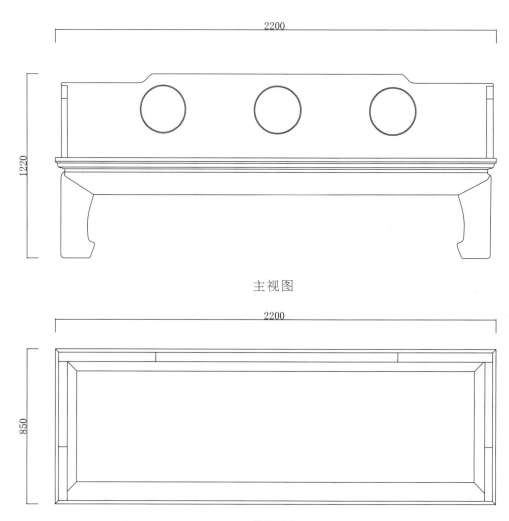

主视图

俯视图

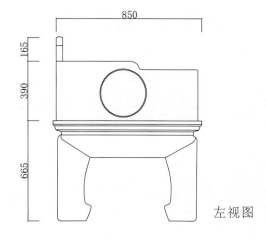

左视图

明式三弯腿龙纹罗汉床

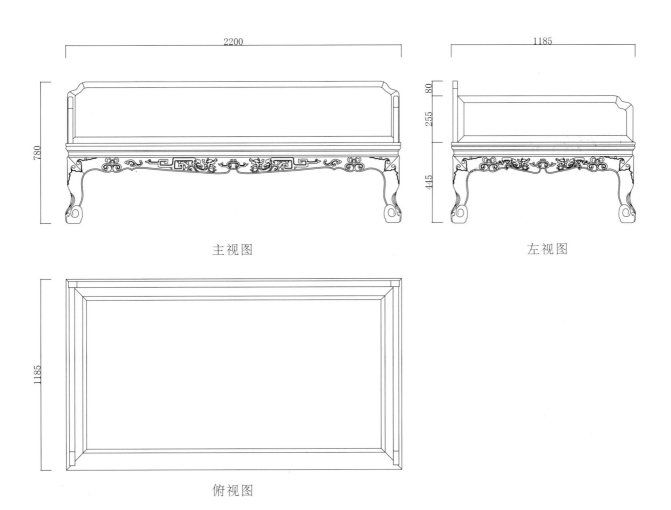

主视图　　　左视图

俯视图

清式嵌大理石罗汉床

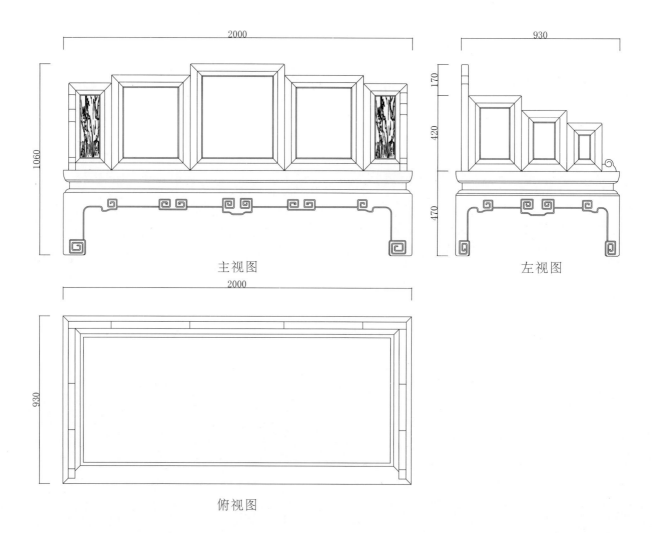

主视图　　左视图

俯视图

清式博古纹罗汉床

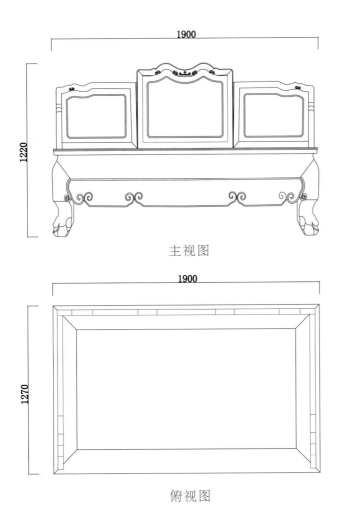

主视图

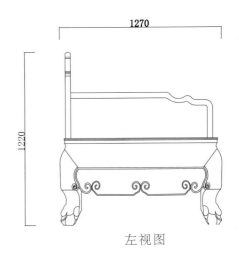

左视图

俯视图

清式紫漆描金山水纹床

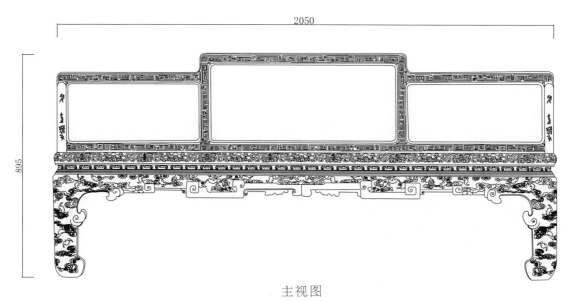

主视图

俯视图

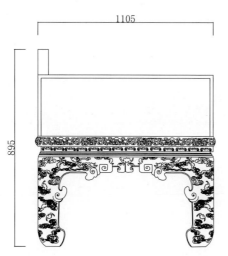

左视图

清式三围屏卷云纹半床

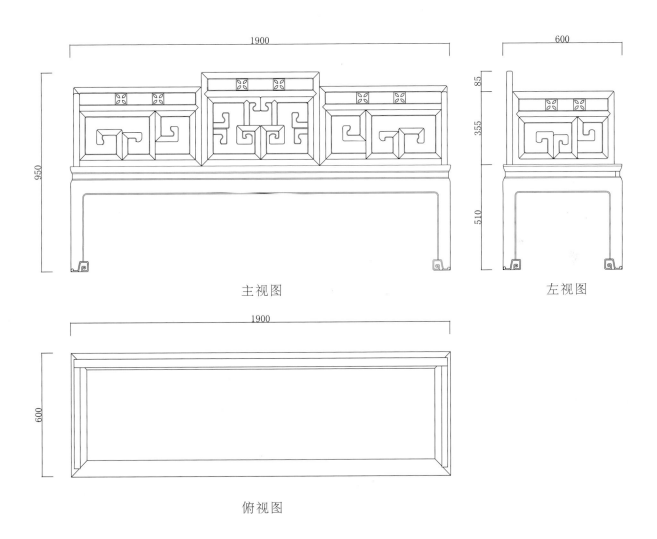

主视图　　左视图

俯视图

清式带枕凉床

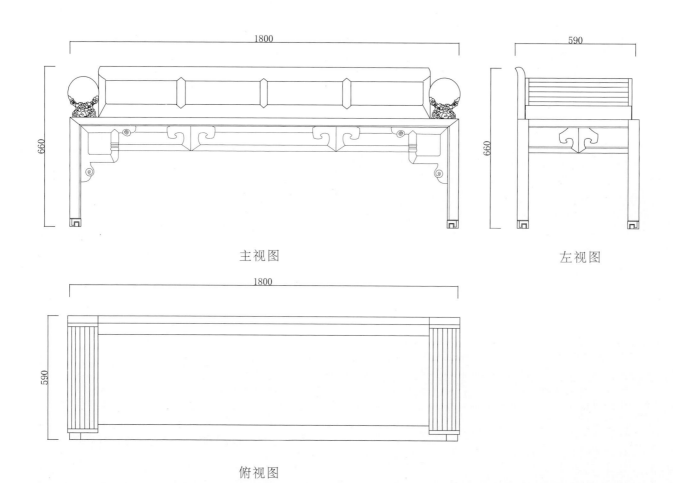

主视图

左视图

俯视图

明式美人靠床

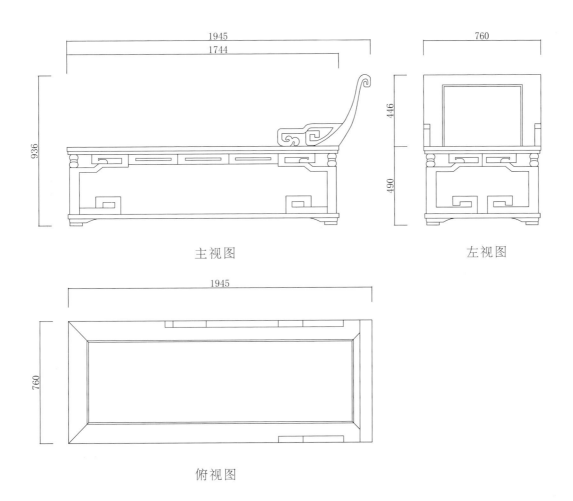

主视图　　　左视图

俯视图

后视图

清式嵌大理石美人榻

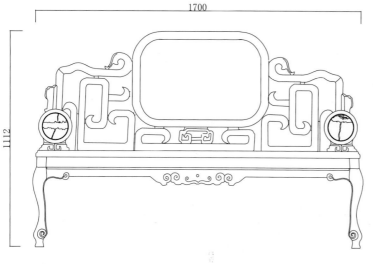

主视图

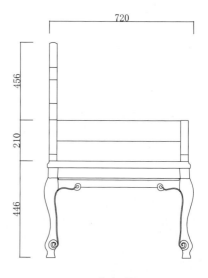

左视图

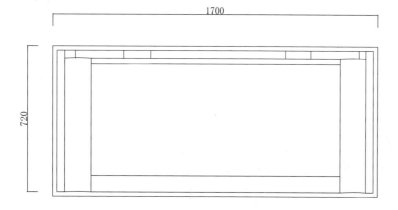

俯视图

明式罗汉床

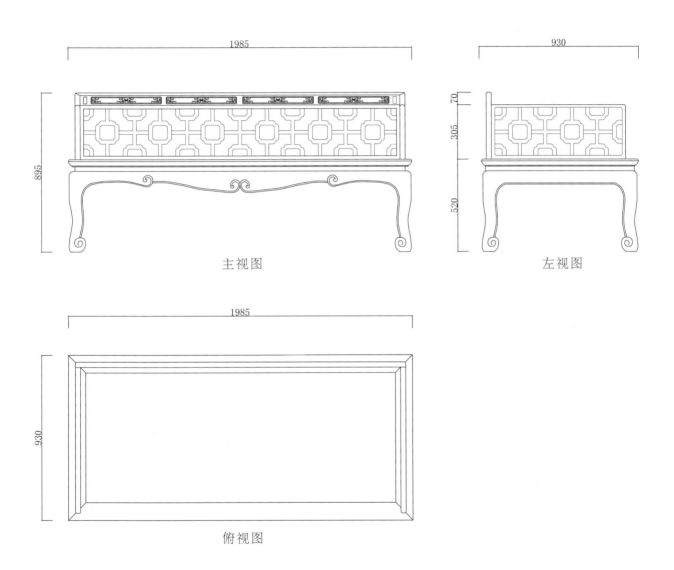

主视图   左视图

俯视图

贵妃床－小茶几

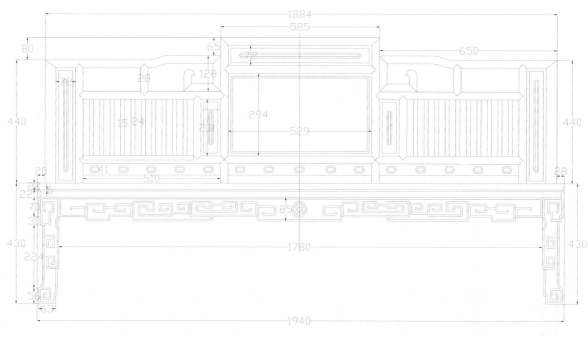

主视图

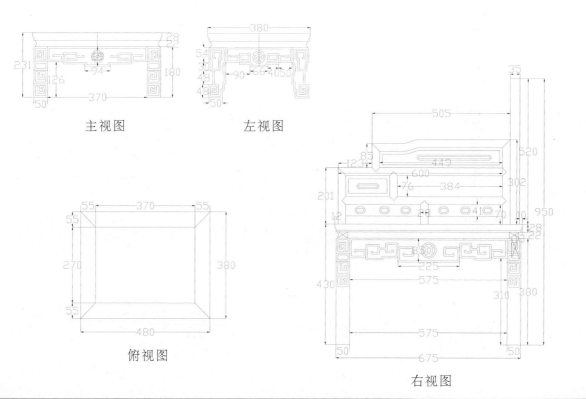

主视图　　左视图

俯视图　　右视图